KB008815

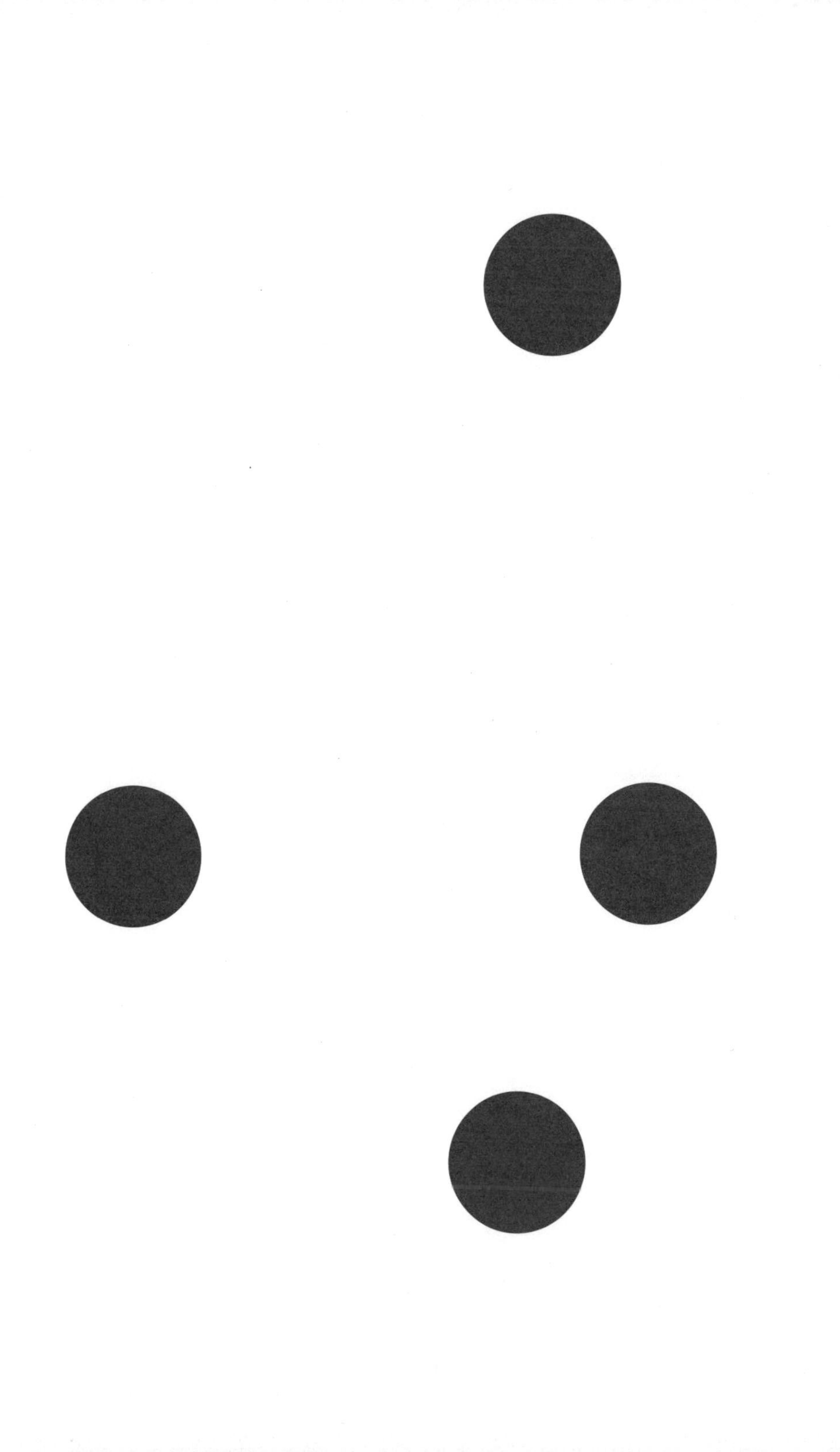

빨강 보기: 의식의 기원

Seeing Red: A Study in Consciousness
by Nicholas Humphrey

니컬러스 험프리 글
조세형 옮김

이음

빨강 보기:
의식의 기원

처음 펴낸 날 2014년 3월 14일

지은이 니컬러스 험프리
옮긴이 조세형

펴낸이 주일우
편집 손영민
제작·마케팅 김용운
디자인 홍은주 김형재

펴낸곳 이음
등록번호 제313-2005-000137호
등록일자 2005년 6월 27일
주소 서울시 마포구 와우산로 180, 2층
전화 (02) 3141-6126~7
팩스 (02) 3141-6128
전자 우편 editor@eumbooks.com
홈페이지 www.eumbooks.com

인쇄 삼성인쇄(주)

ISBN 978-89-93166-66-8 93400
값 12,000원

이 도서의 국립중앙도서관
출판시도서목록(CIP)은
서지정보유통지원시스템
홈페이지(seoji.nl.go.kr)와
국가자료공동목록시스템
(www.nl.go.kr/kolisnet)에서
이용하실 수 있습니다.
(CIP제어번호: CIP2014007009)

Seeing Red:
A Study in Consciousness

by Nicholas Humphrey

차례

일러두기

— 원서의 주와 옮긴이 해제의 주는 숫자([1], [2], [3])로 표시하여 미주로 처리했다.
— 옮긴이가 이해를 돕기 위해 덧붙인 말은 대괄호([])에 넣어 표기했다.
— 책, 사전, 정기간행물에는 겹낫표(『』)를, 논문, 기사 제목에는 홑낫표(「」)를, 영상물, 공연 제목에는 꺽쇠표(‹›)를 사용했다.

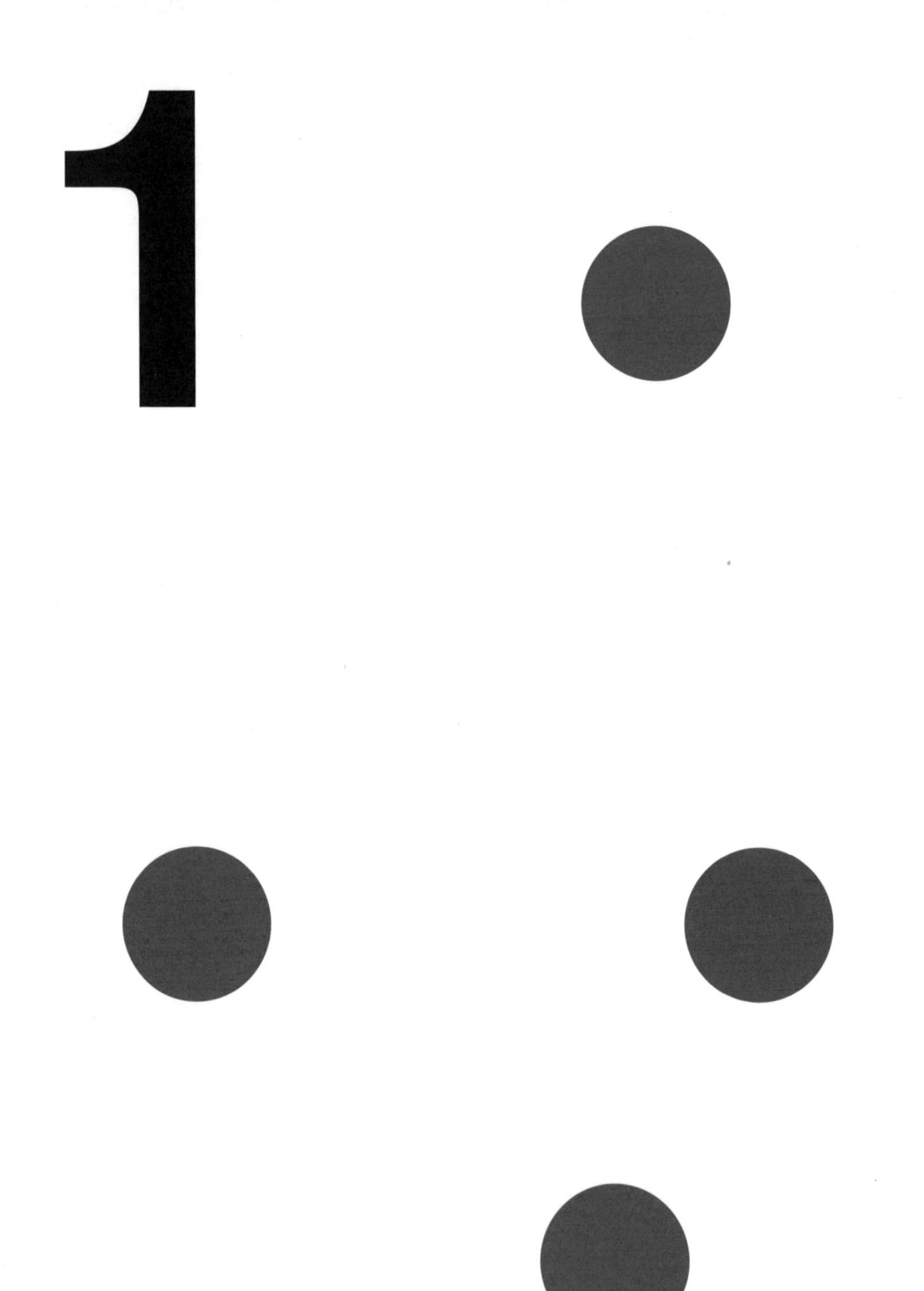

1775년, 스코틀랜드학파 철학의 선구자였던 토머스 리드(Thomas Reid)는 저명한 판사인 케임즈 경(Lord Kames)에게 보낸 편지에 "저의 뇌가 원래 있던 구조를 잃어버리고 수백 년이 지나서 똑같은 물질들이 신기하게도 재조립이 되어 지적인 존재가 된다면 그 존재를 저라고 할 수 있는 것인지, 또 저의 뇌로부터 둘이나 셋의 지적인 존재가 만들어진다면 그 모두를 저라고 할 수 있고 결과적으로 절대적으로 동일한 지적 존재라고 할 수 있는 것인지 당신의 의견을 듣고 싶습니다."[1]라고 썼다.

2003년 미국의 컨트리 앤드 웨스턴 음악 가수인 조 킹(Joe King)은 내게 보낸 이메일에서 "안녕하세요. 제 이름은 조 킹입니다. 전 심한 장애가 있고, 스무 살입니다. 키는 84센티미터에 몸무게는 18킬로그램이며, 뼈 마흔일곱 개가 부러져 있고, 여섯 번의 수술을 했습니다. 최근에 저는 제가 죽으면 이 불구의 신체가 제가 가진 전부가 될지 걱정하게 되었습니다. 제 질문은 이겁니다. 당신은 뇌가 죽은 다음에도 의식은 살아남는다고 믿으시나요? 그것을 지지해줄 과학적인 근거는 있나요?"[2]라고 물었다.

케임즈 경이 토머스 리드에게 뭐라고 답했는지는 알 수 없으며, 내가 조 킹에게 뭐라고 답장을 했는지 아직은 말하지 않겠다. 하지만 이런 질문들은 그 답변이 없을 때에도 인간의 삶에서 의식이 담당하는 역할이 얼마나 중요한가를 드러내준다. 사람들은 자신의 생존에 대해 의식의 지속이라는 관점에서 깊은 관심을 갖고 있다. 의식(consciousness)이 중요하다. 의식이 다른 어느 것보다도 중요하다고 주장할 만하다.

이 책의 목적은 의식에서 무엇이 문제인지에 대해 하나의 설명을 만들어가는 데에 있다.

영국의 심리학자 스튜어트 서덜랜드(Stuart Sutherland)는 1989년 출간된 『국제 심리학 사전(*The International Dictionary of Psychology*)』에서 의식에 대해 흥미로울 만큼 냉소적인 정의를 내렸다. "의식은 매혹적이지만 규정하기 힘든 현상이다. 의식이 무엇이며, 무엇을 하고, 어째서 진화하게 되었는지를 구체적으로 명시하는 것은 불가능하다. 이제까지 의식에 관해 쓰인 것 중 읽어볼 만한 가치가 있는 것은 하나도 없다."[3]

이런 정의가 권위자들에게 얼마나 잘 먹히는지 듣게 된다면 당신이 놀라게 될지 아닐지 잘 모르겠다. 웹에서 찾아보면(구글, 2005년 3월), 48개의 사이트에서 이 정의를 채택하여 인용하고 있다. 이것은 일부러 쓸모없게 만든 정의임에 분명하다. 하지만 나는 어째서 사람들이 이런 정의를 선호하는지 말해줄 세 가지의 서로 연관된 이유를 댈 수 있다. 그 이유는 각자의 의식이 인간의 자부심에 기여하는 방식과 관련이 있다.

첫째, 이 정의는 사람들이 갖고 있는 각자의 형이상학적 중요성에 대한 감각으로 곧바로 다가선다. 의식이 실제로 수수께끼인지는 모르겠지만, 적어도 우리의 수수께끼다. 의식에 뭔가 특별한 것이 있고, 심지어 내세적인 것이 있다면, 의식을 소유하고 있는 우리에게도 뭔가 특별한 것이 있고, 내세적인 뭔가가 있다는 것이 분명하리라.

둘째, 이 정의는 사람들에게 비밀스러운 지식을 가지고 있는 내부자가 되었다는 만족감을 준다. 우리는 다른 사람에게 의식의 본성이 무엇인지를 설명하는 데에 어려움을 겪지만, 우리 자신의 의식이 어떻게 작동하는지를 스스로 관찰하는 것은 전혀 어렵지 않다. 의식이 무엇인지를 말할 수는 없을지라도 우리들 각자는 자신의 마음속이라는 사적인 영역 속에서 의식이 무엇인지 알고 있다.

셋째, 이 정의는 과학적인 질문을 본래의 자리에 가져다놓는다. 사람들은 과학이 물질적인 세상이 어떻게 작동하는지 설명하는 것에는 대체로 만족해하지만, 과학이 인간의 마음이 어떻게 작동하는지 설명하기를 실제로 원하진 않는다. 어쨌든 마음의 작동에 대해서는 그러하다. 우리는 의식이 설명된다는 것은 바로 의식의 위신이 깎이는 것일 수 있다고 두려워하고 있는지도 모른다. 따라서 저명한 심리학자가 나서서 의식이라는 주제에 대해 쓰인 것 중 읽어볼 만한 것은 하나도 없다고 천명하자 의식이 당분간은 안전하리라고 안도할 수 있는 것이다.

당신은 이러한 의견들 각각에 대해 은밀하게 동감하고 있을지도 모르겠다. 나로서는 세 번째 의견에 대해서라면 그렇게 인정할 수도 있겠다. 나는 30여 년이나 '의식 연구'에 몰두해왔지만, 의식이 단지 또 하나의 생물학적인 현상에 불과하다고 보려는 시도에 그토록 오랫동안 저항해왔다는 사실로부터 어떤 삐딱한 자부심을 느끼고 있다. 설령 우리가 의식에 대한 과학적인 설명을 마침내 얻게 된다 해도, 그 설명은 다른 설명들과는 전혀 다르리라는 생각에 위안을 얻는다.

“매혹적이지만 규정하기 힘든 현상이다.”라는 말에는 동의할 수 있다. 하지만 우리는 규정하기 힘들기 때문에 매혹적이라고 생각하고 있는 것은 아닐까? 의식이 다르길 바라는 것일까?

철학자 토머스 네이글(Thomas Nagel)은 “어떤 형태의 당혹감, 예컨대 자유, 지식, 인생의 의미에 대해 느끼는 당혹스러움은 이런 문제들에 대해 나올 수 있는 어떤 답변들보다도 더 많은 통찰을 담고 있는 것으로 보인다.”[4]라고 쓴 적이 있다. 합의되거나 이해된 것이 거의 없는 분야에서는 어떤 뜻밖의 일들을 기대하게 되는데, 우리가 못 보고 있던 측면, 혹은 바로 우리의 등 뒤에서 그런 놀라운 일이 일어날지도 모른다. 우리가 의식에 대해 느끼고 있는 바로 그 당혹스러움이야말로 의식이 왜 중요한지에 대한 열쇠를 담고 있는 것은 아닐까?

신비스러운 이야기를 하면서 이제 시작에 불과한 10쪽에서 미리 해답을 밝히는 것은 좋은 생각이 아니리라. 그러니 딱 당신의 입맛을 돋울 만큼만 이야기하련다. 나는 당혹스러움에서 출발한 서덜랜드의 정의가 실제로는 그가 의도했던 것보다 훨씬 더 정답에 접근했다고 주장할 것이다. 내가 옳다면 마지막에 웃는 사람은 바로 서덜랜드 자신이 되리라.

다시 한 번 살펴보자. 서덜랜드는 의식이 무엇인지를 구체적으로 명시하는 것은 불가능하다고 말한다. 하지만 실제로 서덜랜드 자신은 의식의 정체성의 핵심에 놓여 있을지도 모를 두 가지 특징을 암시하고 있는데, 그것은 바로 규정하기 어렵다는 것과 매혹적이라는 것이다.

서덜랜드는 의식이 무엇을 하는지 구체적으로 명시하는 것이 불가능하다고 말한다. 하지만 실제로 서덜랜드는 의식이 가장 잘하는 것 중 하나인지도 모를 일의 완벽한 예를 들고 있는데, 그것은 바로 의식이 사람들로 하여금 의식을 정의하고 이해하려고 도전하게 만들며, 신비스러움과 정면으로 맞서게 하고 있다는 것이다.

서덜랜드는 의식이 어째서 진화했는지 밝히는 것이 불가능하다고 말한다. 그러나 그렇게 하여 그는 의식이 역사 속에서 작동해왔음을, 그리고 어쩌면 그것이 의식의 숙주인 인간의 삶의 가치를 평가하는 데 중요한 영향을 끼쳐왔음을 시사한 것이다.

그리고 마지막으로 서덜랜드는 의식에 대해 쓰인 것 중 읽어볼 만한 것은 하나도 없다고 말한다. 그러나 서덜랜드 자신도 알고 있는지 모르겠지만, 서덜랜드 자신은 의도하지 않은 채 의식에 관해 읽어볼 거리를 썼는데, 바로 서덜랜드의 의식에 대한 정의이다.

어쩌면(perhaps)이란 이 모든 가정들에 감질날 것이다. 하지만 나는 당분간은 그렇게 놔두겠다. 내가 먼저 주의를 기울여야 할 좀 더 일상적인(아주 약간 더 일상적인) 다른 사안들이 있다. 그것은 "의식이란 무엇인가? 의식이 무슨 일을 하는가? 의식은 왜 진화했는가?"라는 포괄적인 질문을 합당한 순서대로 놓고, 이 질문들에 대한 답변을 하기 위해 새롭고 급진적인 접근법을 제안하는 것이다.

답변이 불가능하다고 가정할 만한 하등의 이유도 없다는 것만은 분명하다. 하지만 이제까지 나쁜 답변들이 많았으며, 읽어볼 만큼 충분한 가치가 있는 답변들이 없었다는 서덜랜드의 견해에 확실히 동의하고 싶다. 따라서 나는 특별한 주의를 기울여 이러한 지점을 다시 파헤치려 한다. 나의 목적은 이론가인 우리가 하는 일에 걸맞게 의식의 개념을 발전시켜 어떤 질문이 상대적으로 답하기 쉬운 것이며 어떤 질문이 답하기 어려운 것인지 더욱 명확하게 보게 하는 것이다.

기초적인 쟁점들에 대해 이렇게 다시 파헤치는 것이 이 책의 (구상은 아니더라도) 페이지 대부분을 차지할 것이며, 의식의 가치(value)에 대한 논의는 책의 마지막 부분에 가서야 나온다는 점을 독자들에게 미리 언급해두어야겠다. 하지만 그렇다고 해서 앞부분에는 별다른 흥밋거리가 없다는 것은 아닐까 걱정하실 필요는 없다.

이 책은 내가 2004년 봄에 하버드대학교에서 한 초청 강연[5]에 기초한 것이다. 첫 번째 강연의 시작 부분에서 나는 평범한 빨간빛의 스크린을 앞에 두고 청중들에게 앞으로 세 시간 동안 빨간 스크린을 바라보는 사이에 당신들의 마음속에서 어떤 일이 벌어지는지 논의하게 될 것이라고 말해줬다. 이 말은 정말 꽤나 좁은 부분에 초점을 맞추는 것으로 보였을지도 모르겠다. 실제로 하버드대학교의 초청자는 내가 그 계획을 사전에 말해주었을 때 좀 더 '웅장한' 어떤 것을 시도하는 것이 좋지 않겠느냐고 답장을 해왔다. 하지만 내가 보여주길 바랐던 것처럼, '빨강 보기'라고 하는 단 한 가지 의식의 사례와 관련하여 제기될 수 있는 논의들은 자연스레 점점 더 웅장해져갔다.

이 책에 쓰인 문체에 대해 이야기해야겠다. 나는 읽는다는 것이 생생한 강연에 참석하는 것만큼 좋은 경험은 아니라고 생각한다. 슬프지만 청중들과 상호작용하는 색색의 이미지를 통한 논의 속으로 당신을 끌어들일 수는 없으리라. 그럼에도 여전히 이 책이 생생한 강연처럼 들리기를 바란다. 따라서 나는 당신을 마치 친한 사람인 양 대할 것이다. 게다가 현대적인 편집방침에 반해서 내 마음대로 대문자, 이탤릭체(이 책에서는 밑줄로 표시하였다. — 옮긴이) 및 불규칙한 구두점을 사용할 것이다. 아마도 18세기 문법으로의 회귀가 될 텐데, 전혀 나쁘지 않다.

2

강연장이 어두워졌다. 이제 스크린이 밝은 적색빛으로 물든다. 그것을 바라보자 우리에게 어떤 일이 일어난다. 바로 빨강을 본다는 경험!

우리들 각자에게 이 자리에 있다는 것은 어떤 의미일까?
난 이것을 통해 여러분에게 차근차근 이야기를 하겠다. 후설(Husserl)을 따르는 현상학자들은 가끔 판단중지(epoché)라는 용어를 사용하는데, 주체가 모든 일상적인 지식과 선입관은 집어던지고, 오로지 무엇이 존재하는가에만 집중하는 태도를 의미한다. 내가 본격적으로 현상학적 환원(phenomenological reduction, 후설의 현상학에서, 객관 세계가 독립적으로 존재한다는 판단을 멈추고 순수 의식에 주어진 것 자체를 찾고자 하는 방법—옮긴이)을 시도하려는 것은 아니다(그런 기교도 없고, 야망도 없다). 하지만 나는 친숙한 경험을 당신이 흔히 하던 방식과는 전혀 다른 방식으로 논의하고자 한다.

당신은 내가 방향을 잘못 잡았다고 생각할 수도 있겠다. 당신은 내가 불필요하게도 너무 세세한 것에 얽매이는 것은 아닐까 생각할 수도 있겠다. 하지만 이제 우리가 사물을 색다른 방향에서 접근할 때 어떻게 되는지 살펴보는 일에 착수하자.

자, 여기 우리가 빨간 스크린을 바라보고 있다. 어쨌거나 여기 우리 중 한 명이 있다[그림1]. 이 사람을 S라고 부르자. 하지만 당신은 S가 당신 자신이라고 상상해야 하는데, 난 S를 나라고 생각할 테니 말이다. 이 상황에 대한 기본적인 사실들(facts)은 무엇인가?

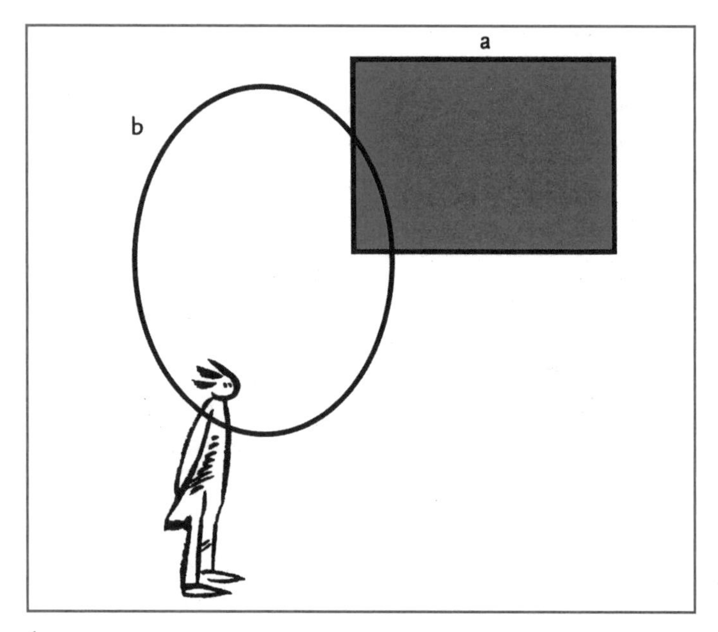

1

우선 스크린에 대한 한 가지 사실이 존재한다.[그림1, a] 프로젝터에 의해 비춰진 스크린은 우리 모두가 '빨간빛'이라고 부르기로 동의한 어떤 것을 반사하고 있다. 잘 익은 토마토처럼 빨간색의 물체로부터 반사되는 빛과 비슷한, 파장 760나노미터 정도의 빛이다. 간단히 말해서 스크린은 빨갛게 칠해져 있다. 이것은 객관적인 사실이라고 말할 수 있는데, 광도계와 같은 물리적 측정 장비로 확인해볼 수도 있다. 게다가 비인격적인(impersonal) 사실이기도 하다. 어느 한 개인의 관심이나 관여에 의존하지 않는다. 실제로 스크린에 관한 이 사실은 우리 모두가 이 방을 떠나더라도 달라지지 않는다.

하지만 당신도 나도 방을 떠나지 않았다. S가 여기에 있으면서 스크린을 보고 있다. 그리고 S가 여기에 있기 때문에 S에 관한 한 가지 흥미로운 사실이 존재한다[그림1, b]. S는 한 사람이 '빨강을 보기' 위해 필요한 만큼의 어떤 일을 하고 있다. 아마도 S의 뇌 어딘가에서 하고 있으리라. S에 관한 이 사실 또한 하나의 객관적인 사실이다. 이것 또한 물리적 측정 장비를 통해 확인할 수 있다고 가정할 만한 충분한 이유가 있는데, 현재의 기술로 그렇게 못한다 하더라도 곧 그렇게 될 것이다. S의 뇌에서 일어나고 있는 일은 아마도 빨강을 보는 여느 사람의 뇌에서 일어나고 있는 일과 유사할 것이며, 고해상도의 뇌주사 사진(brain scan)을 통해 그 특징적인 표식을 탐지할 수 있을 것이다.

하지만 S에 관한 이 사실은 인격적인(personal) 사실인데, 왜냐하면 당연하게도 눈을 뜨고 있는 S의 존재에 의존하기 때문이다. 이것은 그의(his) 빨강 보기이다. 하지만 인격적이라는 것은 이 사실을 주목하게 만드는 시작에 불과하다. 훨씬 더 중요한 것은 이 사실이 세상의 모든 사실들 중에서 아주 특별한 종류에 속한다는 것인데, 그것은 바로 객관적인 사실이면서 동시에 주관적인 사실이기도 하다는 것이다.

S는 실제로 빨강을 보는 경험의 주체(subject)다. 어느 것이 S가 무엇의 무엇임을 말해주는가? 시각적 경험의 주체가 된다는 것은 복잡하고 중층적인 현상이며, 그것의 구성요소들을 분류해내

기란 쉽지 않다.

한 학기 동안 '우리는 무엇을 보는가?'에 대해 강연한 옥스퍼드의 철학자 이야기가 있다. 이 철학자는 희망에 부풀어 처음엔 우리가 색깔들을 본다는 구상으로 시작했지만, 세 번째 주에는 그 생각을 버리고 우리가 사물들을 본다고 주장했다. 하지만 그것도 통하지 않자 학기 말에는 후회하면서 다음과 같이 인정했다. "우리가 무엇을 보는지 내가 알 턱이 있나!"[6]

그 전에도, 그 후로도 많은 이론가들이 이보다 잘 파악해보려 애썼다. 지난 100여 년 동안 심리학자들과 신경과학자들이 '보기(시각)' 연구에 사용한 기술적 정교함엔 커다란 진전이 있었다. 하지만 본다는 것은 무엇인가라는 기초적인 물음에 대해서조차 여전히 합의가 거의 이루어지지 않고 있다는 사실은 그대로다.

그림1의 b에 있는 동그라미 안에 무엇이 담겨 있는가? 색깔에 대한 관념들, 사물에 대한 관념들, 생각들, 느낌들…… 바라보는 사람의 입장에서 체계적으로 그것을 살펴보기로 하자.

주체인 S가 최우선으로 확실하게 우리에게 말해주어야 할 것은 전혀 다른 두 가지 종류의 일이 진행되고 있다는 것이다. 그의 경험에는 명제적(propositional) 요소가 존재하며 현상적(phenomenal) 요소도 존재한다.

명제적 요소부터 시작하자. 보는 동안에 S는 사물이 어떠한지를 표상하게 된다. S는 이것이 어떤지에 대한 다양한 관념(신념, 의견, 느낌)들을 얻는다. 이런 관념들 중의 일부는 외적 세계(the world out there)에 대한 비인격적인 사실들과 관련이 있으며, 그 밖의 것들은 내가 앞으로 설명하겠지만, 내적 세계(the world in here), 즉 본다는 과정 그 자체와 관련이 있다. 철학의 언어로는 무슨 일이 벌어지고 있는가에 대한 관념들이 모두 '명제 태도들(propositional attitudes)'이다.

경험의 주체라는 이런 역할 속에서 S는 현존하는 사실들에 대한 관찰자이자 비판자이다. 그 관념들은 사물들에 대한 S의 의견을 표상하며, S는 그 관념들에 접근하고, 기회가 오면 그 관념들을 활용해서 자신이 관찰한 것에 적용하고, 생각하며, 의사소통을 하게 된다. 그럼에도 여전한 것은 이 역할 속에서 S가 그저 관찰자에 불과하다는 것이다. 이런 부류의 사실들은 S가 팔만 뻗으면 닿을 수 있는 거리에 있는 것이어서, 바로 거기에 관찰되기 위해 존재하는 것이다.

그러나 보는 것에는 현상적 요소도 있다. 보는 동안에 S는 '현상적 의식(phenomenal consciousness)'의 상태로 돌입하게 된다. 특히 S는 시각적 감각을 그 감각에 대한 놀라운 질적 느낌과 함께 창출한다. 다시 철학의 언어로 말하자면 S는 '시각적 감각질(visual qualia)'을 만들어낸다.

이러한 주체로서의 역할 속에서 S는 이미 존재하는 것에 대한 관찰자에 불과한 것이 아니라, 다분히 새로운 어떤 것을 능동적으로 만들어내는 작가(author)이기도 하다. 게다가 이런 새로운 사실들, 즉 이런 감각들은 더 이상 팔만 뻗으면 닿을 수 있는 것이 아니다. 그 대신 이런 감각들이 (바로) 그라는 것이 매우 중요한데,

그 감각들이 그의 주관성(subjectivity)의 정수를 이루고 있다. 하지만 아무리 생생하고 아무리 핵심적이라 해도 그의 감각들은 뭔가에 관한 것은 아니다. 따라서 명제 태도들과는 달리 이런 감각들은 소통할 수도 없을뿐더러, 쉽게 생각해낼 수도 없다.

논의가 너무 추상적이고 이론적으로 흘러간 듯하다. 앞에서 말했듯 우리는 빨강을 본다고 하는 특별한 경험에만 집중해야겠다. 보통의 교과서들을 살펴보면 본다는 것에 대한 대부분의 논의가 명제적 요소들만을 주로 다루고 있으며, 현상적 요소는 잠시 짬을 내어 덧붙여 생각할 거리 정도로만 다룬다(혹은 전혀 다루지 않는다). 하지만 나는 순서를 뒤바꾸어 주체에게 단연코 가장 극적이라고 말할 수 있는 경험의 일부로부터 시작하고자 한다.

S가 스크린을 바라볼 때 S는 진짜 놀랄 만한 어떤 일을 하고 있다(사실 매우 놀랄 만한 것이라서 S가 그것에 정말 친숙하지가 않다면 그 일이 벌어질 때마다 믿을 수가 없어 눈을 비비게 될지도 모른다). 바로 자신이 빨강을 감각한다고 부르게 될 특정한 의식의 상태를 만들어낸다는 것이다.

이 감각은 분명 그가 만들어내는 무언가(something)이다. 그가 스크린을 바라보기 전에는 존재하지 않았으며, 그가 눈을 감으면 사라지게 될 어떤 것이다. 진짜 어떤 것(some thing), 그 스스로가 만들어낸 새로운 사실이다. 따라서 그것을 하나의 사실로서 도해[그림2, b] 안에 표시할 수가 있는데, S에 관한 사실의 일부로서, 스크린에 대한 사실[그림2, a]과 동등한 지위를 갖는 것이다.

우리는 이것이 어떠한 종류의 사실인가를 밝혀내야 한다. 하

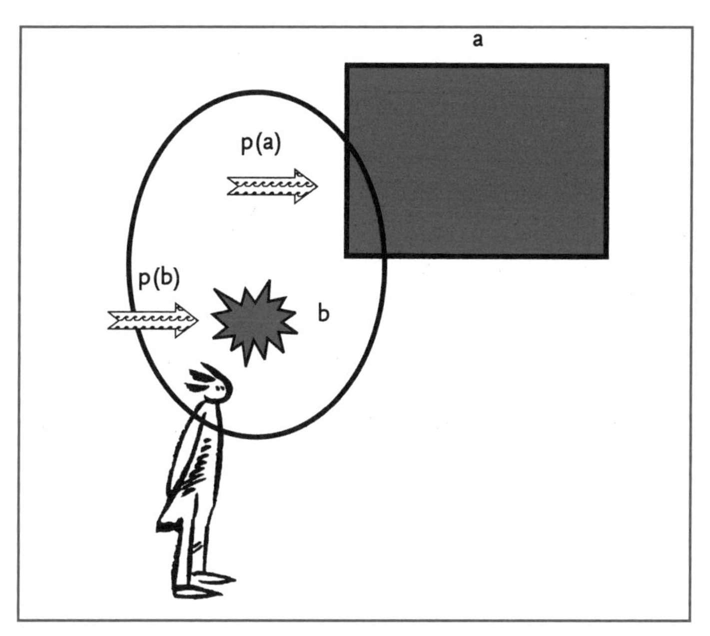

2

지만 난 (책의 뒷부분에서 자세히 설명할 테니) 당장은 빨강을 감각한다는 것이 어떤 신체 동작(bodily action) 혹은 어떤 표출(expression)이라고도 할 수 있는 것의 특질을 가지고 있다고 예측하고 이야기하려 한다. 어쨌든 그것은 빨간빛으로 자극을 받았을 때에 일어나는 능동적인 일인칭의 반응이다. 그리고 이것을 드러내기 위해, S가 여기에서 하고 있는 일에 특별히 능동형의 이름을 붙이기로 하는데, 그것을 레딩(redding)이라 하자.

이 감각, 즉 레딩은 바로 이 순간 S의 상태가 어떠한가의 핵심이다. 레딩을 만들어낸 작가인 S는 레딩을 만들어내면서 즉시 레딩을 경험하게 되거나, 적어도 그런 것처럼 보인다. 하지만 레딩을 하는 것이 S임에도 불구하고, S는 그 자신이 무엇을 하고 있는지를 완벽하게 이야기할 수 없을 것이다. 실제로 S가 레딩에 대해서 생각하려고 들면, S가 레딩에 주의를 기울이기 시작하기도 전에 먼저 레딩이 의식 속에 도달할 것이며, 레딩은 그가 (이 세상에 있는 모든 시간을 다 써서라도) 레딩에 주의를 기울일 수 있는 것보다 훨씬 깊숙하게 확장한다.

이런 소통의 어려움을 표현하기 위한 적절한 은유를 찾아내기는 어렵다. 화가인 브리짓 라일리(Bridget Riley)는 감각에 대해 "우리 모두에게 색깔은 어떤 것으로 경험되는데, 다시 말해 우리는 늘 색깔을 실체(substance)로 가장하여 보게 된다."[7]라고 썼다. 라일리가 플라톤적인 함축을 담고 있는 '실체'란 단어를 선택한 것은 의미심장하다. 그녀는 마치 감각이 우리가 단지 희미한 그림자로서만 소통할 수 있는 플라톤적인 실체적 형상의 세계에 속하는 것처럼 이야기하고 있는 것으로 보인다.

셰익스피어 비평가인 헬렌 벤들러(Helen Vendler)는 새로운 예술 형태에 대해 쓰면서 다음과 같이 말했다. "나는 시는 에세이가 아니며, 시를 이해하기 쉬운 말로 표현한 명제적 내용이란 그저 시의 진정한 작용을 이해하기 위한 시작에 불과하다고 생각한다."[8] 마찬가지로 우리 모두는 감각도 진정으로 작용하고 있는 일이 있지만, 말로 그것을 묘사하는 것으로는 정당하게 다룰 수 없는 그런 부류라는 예감을 갖고 있지 않나 생각한다. 감각이 진정으로 작용하는 것이 무엇인가라는 문제는 이 책의 뒷부분에서 주요한 논쟁점으로 다룰 것이다.

자, 어떤 경우에는 이것, 즉 레딩은 빨강을 본다는 경험에 수반하는 모든 것의 합일 수 있다. 예를 들어 스크린을 능동적으로 바라보는 대신 S가 햇빛 아래 똑바로 누워 눈을 감은 채로 뭔가 다른 것을 생각하고 있으며, 햇빛이 그의 충혈된 눈꺼풀로 스며들고 있다고 가정하자. 이 경우 레딩 이외에는 더 이상 전할 것이 없을 가능성이 높다.

하지만 S의 지금 상황은 그렇지 않다. S는 현재 본다는 것에 능동적으로 관심을 가지고 있다. 그리고 이제 S의 경험에 대한 명제적 요소, 즉 그것이 어떤지에 대한 관념(신념, 의견, 감정)들이 나타나기 시작한다. 하지만 현재 그의 역할은 작가라기보다는 리포터에 가깝다. 게다가 그 관념들은 정말로 뭔가에 대한 것이기 때문에 상대적으로 쉽게 그 관념들을 우리에게 설명할 수 있다.

S의 관심을 끌 만한 두 가지 사실이 존재한다. 바로 스크린에 대한 사실[그림2, a], 그리고 감각에 대한 사실[그림2, b]이 그것이다. 하지만 이 사실들은 매우 다른 종류의 사실들이며, 이 사실들에 대한 S의 사고방식은 서로 다른 형태와 방향을 가질 수도 있다. 그 사실들에 대한 S의 관념들을 [그림2]에서 각각 p(a)와 p(b)로 표시해놓았다. 비록 대부분의 경우 S는 스크린에 대한 사실에 우선권을 부여할 가능성이 높긴 하지만, 이 사실에서 저 사실로 관심을 돌리기가 상대적으로 쉽다. 게다가 우리는 먼저 감각에 관심을 집중하고 있었으므로, S가 감각에 관심을 기울이고 있는 상태에서

분석을 시작하자.

나는 현상적인 의식의 수준에서는 S가 감각하는 바로 그 순간에 즉시 감각을 경험하게 된다고 말한 바 있다. 엄밀한 의미에서 이런 즉각적인 경험이 명제 태도를 구성하지는 않는데, 왜냐하면 그 자체로는 뭔가에 대한 것이 아니기 때문이다. 하지만 주체인 S는 확실히 감각에 대한 관념들[그림2, p(b)]을 가지게 된다. 비록 그 관념들이 포괄하는 범위가 진정 그것이 어떠한지를 "다른 말로 바꾸어 표현한 명제적 내용"에 불과할지라도 말이다.

레딩이라는 감각에 대해 S가 확실히 말하게 될 첫 번째이자 가장 분명한 것은 그것이 시각적(visual) 감각이라는 것이다. 이 말은 S가 [레딩의 감각을] 눈에 도달하는 빛에 반응하여 전형적으로 나타내는 감각과 다름없는 방식으로 인지한다는 것이며, 이는 예컨대 그의 귀에 도달하는 소리나 그의 코에 도달하는 냄새에 반응하여 S가 만들어내는 감각들과는 분명하게 구별된다는 것이다.

S는 시각적 감각인 레딩이 자신의 시야 일부를 색깔로 채운다고 말할 것이다. S는 그 부위의 모양과 위치를 묘사할 수 있다. 대략 직사각형으로, 우측 상단의 사분면이라는 식으로 말이다. 게다가 S는 그 색깔을 밝은 적색으로 분류할 수 있다.

이제 당신은 S가 '자신이 만들어낸 감각은 이런 모양과 색깔을 가지고 있다'고 말하는 것이 무슨 의미인지 물을 수 있겠다. 여기 b라고 표시한 이 사실, 즉 레딩이라는 활동이 이런 물리적 특징을 가지고 있다는 의미일 리는, 다시 말해 엄밀한 의미에서의 레딩이 그의 시야에 위치한다거나 시야가 빨갛게 칠해져 있다는 의미일 리는 거의 없을 것이다. 물론 이에 동의할 수도 있다. 하지만 우리는 그가 의미하는 것이란, 그 감각은 빛 자극에 반응하여 어떻게든 그것을 추적하고 있는 것이라고 생각할 수 있다. 실제로 S는 눈을 굴리거나, 깜박이거나 하는 등, 약간의 실험만 해보아도 그 감각의 어떤 속성들이 그의 눈에 맺히는 망막의 이미지가 갖는 속성들과 정확하게 대응한다는 것을 알 수 있게 된다. 이미지가 변함에 따라 감각도 변한다. 그러므로 S가 그 감각은 모양과 색깔을 가지고 있다고 말한다는 것은 그 감각이 이미지의 이런 속성들을 정확하게 표상하는 속성들을 가지고 있다는 의미로 말하는 것이다.

이것이 정확히 어떤 종류의 표상인가에 대해서는 나중에 살펴보게 될 것이다. 하지만 바로 알 수 있는 한 가지 분명한 사실은 그 감각이 물리적 사실로서의 망막의 이미지를 단순히 복사한 것은 결코 아니라는 점이다. 왜냐하면 그 감각, 즉 레딩은 엄밀한 의미의 이미지로서는 가지기 어려운 주관적인 정신의 속성들, 즉 질(quality)과 유발성(誘發性, valency, 서로 반응하거나 영향을 주고받을 수 있는 사물이나 사람의 성질—옮긴이)을 가지고 있다는 것이 주체에게 명백하기 때문이다. 그 감각은 단지 그의 눈에 도달한 빨간빛을 표상하는 데에 그치는 것이 아니라, 그 자극과의 상호작용도 표상한다. 바로 이 때문에 S는 그 감각이 자신에게 중요하다고 느끼며, 거기에 마음을 쓰게 된다.

화가인 칸딘스키(Wassily Kandinsky)는 "색깔은 영혼에 직접 영향을 미치는 힘이다. 색깔은 건반이고, 두 눈은 망치들이며, 영혼은 많은 현을 가진 피아노다."[9]라고 썼다. 심지어 여기 있는 레딩처럼 단일한 음표로만 연주되는 단일한 색감각조차도 상당한 영향을 끼칠 수 있는데, 인간뿐 아니라 동물에게도 그렇다.

붉은털원숭이(rhesus monkey)를 이용한 연구에서 나는 이 원숭이들이 색깔이 있는 빛에 대해 강렬하면서도 일관된 정서적 반응을 보인다는 것을 입증했다. 예를 들어 원숭이가 빨간빛으로 채워진 방에 있으면 불안해하고 안절부절못하지만, 파란빛으로 채워진 방에서는 상대적으로 차분해진다. 선택할 수 있게 하면, 원숭이들은 빨간 방보다는 파란 방을 훨씬 더 선호한다.[10]

일반적으로 사람들도 (그리고 이 문제에 관해서라면 비둘기들도) 색깔이 있는 빛에 비슷한 방식으로 반응한다.[11] 사람들은 파란빛에 대한 감각을 강렬하고, 뜨거우며, 흥분시키고, 불안감을 주는 것으로 묘사한다. 빨간빛은 각성이 되었을 때의 생리적 증상을 유도하는 반면, 파란빛은 반대의 효과를 나타내는데, 생후 15일 된 아기에게도 마찬가지다. 피험자들은 파란 방보다는 빨간 방이 더 따뜻하며, 시간이 빨리 흘러가고, 반응속도가 느려진다고 느낀다.

『건축의 색채(*Colour for Architecture*)』라는 책에서 톰 포터(Tom Porter)와 바이런 마이켈리즈(Byron Mikellides)는 다음과 같은 이야기를 들려준다. "이탈리아의 영화감독 미켈란젤로 안토니오니는 자신의 첫 컬러영화 ‹붉은 사막(*The Red Desert*)›을 찍는 과정에서 흥미로운 관찰을 했다. 실제 공장 로케이션으로 산업시설 장면을 찍으면서 등장인물의 대화의 배경으로 필요한 분위기를 연출하기 위해 공장 구내식당을 붉은색으로 칠했다. 2주가 지나자 공장 노동자들이 공격적이 되었으며, 서로 간에 다툼이 시작된 것을 알게 됐다. 영화 촬영이 끝난 후 평화를 되찾기 위해 구내식당을 옅은 녹색으로 다시 칠했는데, 안토니오니는 '노동자들의 눈이 안식을 찾을 수 있었다.'라고 지적했다."[12]

원숭이와는 달리 사람들은 때로 기분에 취해 빨간빛을 찾아 나서기도 한다. 이는 빨간빛이 사람들을 각성시킨다는 바로 그 이유 때문일 수 있다. 한 가지 주목할 만한 예를 들자면, 아이작 뉴턴(Isaac Newton)은 자신의 런던 집을 '진홍색 침대커튼'이 달린 '진홍색 모헤어 침대'에 '진홍색 모헤어 벽걸이', '진홍색 안락의자' 등 완전히 진홍색으로만 꾸몄는데, 그는 이런 '진홍색 분위기' 속에서 살면서 마치 자신이 화를 잘 낸다는 평판에 걸맞게 산다는 것을 확인시켜주려는 듯했다.[13] 앙리 마티스(Henri Matisse)는 자신의 화실을 그리면서 그림 속 벽의 색깔을 여러 번 바꾸다가 마침내 '붉은 화실(The Red Studio)'로 정했는데, 물리적 실체를 전달하려 했다기보다는 자신이 결부시킨 어떤 정서적 분위기를 크게 부각시키고자 했던 것이다.

색깔에 대한 이런 미학적 태도는 주로 색깔이 있는 빛이 주체에게 유발하는 감각의 질에 대한 태도이지, 어떤 것(thing)이 그런 색칠된 표면을 가지고 있다는 사실에 대한 태도는 아니라는 것을 지적해야만 하겠다. 다시 말해, 예컨대 S가 빨간빛이 흥분시킨다는 것을 알게 되었을 때, 그것은 자기 스스로가 흥분시킨다고 판정한 자신의 현상적 경험, 즉 레딩인 것이지, 스크린이 빨간색으로 칠해졌다는 사실은 아닌 것이다.

감각이 중요한 것이라는 주장을 직접적으로 지지해줄 증거에 대해서는 나중에 논하겠다. 현재로서는 그 주장과 관련된 원숭이를 이용한 발견 하나[14]에 대해서만 이야기하겠다. 스크린이 텅 비어 있고, 별다른 특색이 없는 경우라면, 원숭이들은 빨간 스크린에 비해 파란 스크린이 있는 곳에 있기를 훨씬 선호했다. 하지만 스크린에 흥미로운 볼거리가 있는 경우에는 이러한 선호가 완전히 사라졌다. 첫 번째의 경우에는 원숭이들이 자기 자신의 감각 이외에는 주의를 기울일 만한 것이 없었고, 따라서 빨간 감각에 비해 파란 감각을 더 선호했다. 하지만 두 번째의 경우에는 자신의 반응으로부터 떨어져 나와 관심이 외부 세계로 이끌렸으며, 원숭이들이 이제는 빨간 세상에 존재하는 물체들에 비해 파란 세상에 존재하는 물체들에 대한 선호를 보이진 않았다.

자, 그렇다면 이제 세상에 대한 사실로서, 스크린에 대한 주체의 명제 태도는 어떨까 살펴보기로 하자. 단계적으로 분석해가기로 한 순서에 맞춰, S가 감각에 대한 사실로부터 주의를 돌려 빨간 스크린에 대한 여타의 사실들에 관심을 기울인다고 생각하자. S가 빨간 스크린을 바라볼 때 S는 그 스크린에 대해 어떤 관념들을 형성하는가?[그림2, p(a)] 친숙한 말로 표현하자면, S는 무엇을 지각하는가?

의심할 바 없이 S는 저 외부 세계에 실제로 스크린이 있다고 지각하며, 그 스크린은 외부의 공간에서 이러저러한 크기, 형태 및 위치를 점하고 있고, 스크린이 잘 익은 토마토의 색깔인 빨간색으로 칠해져 있다고 말할 것이다.

S가 그 스크린이 모양과 색깔을 가지고 있다고 말한다는 것이 무엇을 의미하는지에 대해서라면 여기서는 문제될 게 없다. S는 이러한 용어들로 자기 자신의 어떤 정신적인 과정을 설명하고 있는 것이 아니라, 스크린과 연관성이 있거나 스크린을 표상하는 어떤 것을 묘사하고 있는 것이다. S는 엄밀한 의미의 스크린을 묘사하고 있다.

하지만 S가 이제 자기 자신에 대한 사실이 아니라, 세상에 대한 사실을 지각하고 있는 것인 만큼, 스크린에 대한 S의 관념은 감각에 대한 자신의 관념들과는 매우 다르다. 결정적으로 S는 스크린에 대한 이 사실을 비인격적인 사실로 지각한다. 지각하고 있는 행위자가 S라는 것은 참이지만, 그 지각의 대상은 외부 세계에 있는 스크린이고, S는 자신을 위해 스크린을 빨간 것으로 지각하지는 않는다.

실제로 S 자신은 이러한 외적 사실과는 그다지 연루되지 않기 때문에 자신의 눈을 위해 스크린이 빨갛다고 지각하지도 않는다. 감각적 사실이었다면 S 자신이 빛에 어떻게 반응하는가와 결부되어 있기 때문에 필수불가결하게도 보는 것과 연관이 되겠지만, 스크린이 빨갛다는 사실은 결코 그가 스크린을 보는 것에 의존하지 않는다. 따라서 원칙적으로 S는 자신의 눈을 쓰지 않고, 다른 감각기관을 통해서도 같은 관념에 도달할 수 있다. S가 신뢰하는 누군가가 말해주는 것만으로도 족할 수 있겠다.

최근에 개발된 보이스(vOICe)라는 기구는 시각장애인들이 눈이 아닌 귀를 통해 볼 수 있도록 해준다.[15] 비디오카메라가 장착된 헬멧을 쓰게 되는데, 빛을 소리로 번역하는 프로그램과 연결되어 있고, 헤드폰이 달려 있어 소리 이미지를 들을 수 있다. 이 장치는 아날로그 방식으로 시각적 장면을 소리풍경(音景, soundscapes)으로 대응시킬 수 있는 능력이 있다. 하지만 이 장치는 현재로서는 '색깔을 보는 것'에 관한 한 간단한 방식을 택하고 있기 때문에 그저 빨간색이라고 이야기할 뿐이다! 사용자 매뉴얼을 보면, 색깔 인식 버튼을 켜면 "말하는 색깔 탐지 장치가 카메라 시야의 정중앙에서 감지되는 색깔을 이야기한다. 이제 당신이 막 먹으려는 사과가 노란색인지, 연두색인지, 빨간색인지를 알 수 있고, 당신 옷에서 주된 색깔이 무엇인지를 알 수 있다."라고 설명하고 있다.

S 자신이 시각장애인이며 (우리가 알 수는 없지만) 이 장치를 써서 스크린을 보고 있다고 가정해보자. S는 자신이 빨간색의 시각적 감각을 가지고 있다고 주장할 수는 없을 테지만, S는 여전히 그가 지각하기엔 이 스크린이 빨간색으로 칠해져 있다고 정확하게 보고할 수 있을 것이다.

아마도 당신은 내가 여기서 제안하고 있는 것이 비현실적이라고 생각할지도 모르겠다. 즉, 외부 물체의 색깔에 관한 어느 한 사람의 신념이란 틀림없이 "감각양식에 중립적"일 것이라는 제안 말이다. 하지만 최근에 아동심리학자들이 발견한 바에 따르면, 세 살배기 아이들이 때때로 색깔을 비롯하여 자신의 외부 환경에 놓인 물체의 속성에 대한 자신의 신념이 어떤 감각 경로로 이루어졌는지를 정말 모르는 것처럼 보인다는 점을 생각해보라. 세 살배기 어린아이에게 물렁물렁한 녹색의 공을 손에 쥐여주고 무슨 색깔인지 물어보면, 아이는 그 공을 들여다보고 녹색이라고 대답하며, 그 공이 딱딱한지 물렁물렁한지 물어보면, 그 공을 눌러보고 물렁물렁하다고 대답한다. 하지만 그 공을 가방에 넣고 그 공의 색깔을 알아내거나 그 공이 딱딱한지 물렁물렁한지 알아내기 위해—손을 집어넣어 만져봐야 할지, 아니면 들여다봐야 할지—어떻게 하겠느냐고 물어보면, 모른다고 답할 가능성이 높다.[16]

이를테면 지각적인 신념은 바뀔 수 있는 여지가 있으므로, 최근 들어 언어학자들이 신념에 대해 말할 때 그 신념을 어떻게 얻게 됐는지 분명하게 언급하는 것이 문법의 규칙인 인간 언어의 존재에 관심을 갖게 된 것은 무척 흥미롭다. 예를 들어 남아메리카의 타리아나(Tariana)어에서는 "나는 비가 오는 것을 안다."와 같은 언명이 화자가 그것을 어떻게 알게 되었는지를 의미하는 접미사로 주석이 달려야 한다. "나는 비가 온다는 것을 안다, 청각으로."(즉, 비 오는 소리를 듣는다)나 "나는 비가 온다는 것을 안다, 시각으로."(즉, 비 오는 것을 본다)와 같은 식으로 말이다. 정보의 원천이 어디인지가 파악되어야 한다는 필요조건을 "증거성(evidentiality)"[17]이라고 부른다.

스크린을 바라보고 있는 S에게로 돌아가보자. S는 스크린이 빨간색으로 칠해져 있음을 지각한다. 하지만 [보이스 장치를 장착하고 있는] S가 이것을 하나의 사실로 지각하는 것은 자기 자신이나 자신의 눈이 본래부터 가지고 있던 연결을 사용한 것은 아니다. 그렇다면 이제 정서 수준에서 지각된 이 사실에 대해 S는 어떤 태도를 갖게 될까? S는 저 외부 세계에 있는 물체의 색깔에 대해 마음을 쓰게 될까?

이미 논의했듯이 그 답변은 아니요(no)일 가능성이 매우 높다. 이 말은 색깔에 대한 비인격적인 사실들이 각기 다른 상황에 처해 있는 모두에게 중요하지 않다는 뜻은 아니다. 하지만 확실한 것은 색깔에 대한 감각만큼 중요하지는 않다는 것이다. 내가 눈을 감는다 해도, 여전히 나는 스크린이 빨갛게 칠해져 있다는 지각적인 지식(perceptual knowledge)을 가지고 있지만, 그 지식 자체가 시끄럽다거나, 뜨겁다거나, 불안감을 준다거나, 흥분시키는 것인지는 알지 못한다. 내가 시각장애인이라면 내가 "보이스 장치를 써서 내 옷에서 우세한 색이 무엇인지를 확인할 수도 있다"는 것이 사실이리라. 하지만 내가 신경이나 쓸까?

뉴턴이 눈가리개를 하고 자신의 커튼이나 안락의자가 진홍색이라 말해주는 목소리를 들으며 살아야 한다고 가정해보자. 뉴턴의 비싼 가구들은 의도한 효과를 낼 수 있을까?

우리의 현재 위치를 다시 한 번 가늠해보자. 우리는 스크린을 바라보는 경험에서 구분되는 세 가지 요소를 열거했다.

- S는 빨간 감각 b를 갖게 된다.
- S는 이 빨간 감각을 갖고 있음, 즉 p(b)를 느끼게 된다.
- S는 스크린이 빨갛다는 p(a)를 지각하게 된다.

하지만 나는 당신이 네 번째 중요한 요소에도 관심을 갖게 하고 싶다. 위의 모두를 하면서 S는 자기 스스로를 경험하는 사람으로서(as an experiencer) 경험하게 된다.

논리학자인 고틀로프 프레게(Gottlob Frege)는 (시간적으로 훨씬 앞섰던 칸트를 계승하여) 그 이면에 놓인 일반적인 원칙을 훌륭하게 설명했다. 주관적인 경험이 있는 곳에는 언제나 주체가 있어야 한다고 말이다. "고통, 기분, 소망 등이 그것을 소유한 사람 없이 독립적으로 세상을 떠돌아다닌다는 것은 터무니없어 보인다. 피경험자가 없는 경험이란 불가능하다. 내적 세계는 그것이 자신의 내적 세계인 사람을 상정하게 마련이다."[18]

흔히 프레게의 말을 사람이 먼저 거기에 존재해야 한다고 주장하는 것으로 해석하곤 한다. 하지만 우리가 상황을 거꾸로 이해하고 있는 것이 분명하며, 확실히 그런 경우가 종종 있다. 즉, 우리가 내적 세계를 경험하기 때문에 그 사람이 존재한다는 것을 확증하여 알게 되는 것이다.

이 입장을 고수하라. 내 생각엔 여기에 핵심적인 중요성이 있다. 미리 알려주자면 나는 이것이 의식의 가장 깊숙한 신비를 풀어낼 핵심일지도 모른다고 결론지으며 이 책을 끝마칠 것이다. 하지만 현재로서는 감각이 여기에서 어떤 특별한 역할을 한다고 지적하기만 할 것이다. S가 감각을 만들어내는 것과 동시에 감각이 그를 만든다고 S가 느끼게 되는 것도 무리가 아니다. 그리고 이렇게 감각이 만들어낸 S에 대해 그는 꽤 상이한 메타 수준에서 확고한 견해를 갖게 마련이다. S는 자신이 그토록 놀라운 의식 경험을 가진 그런 종류의 독립체라는 사실을 좋아하게 될 것임이 거의 확실하다. S는 자신이 '그런 내적 세계를 가진 사람'이라는 자부심을 느끼며 관심을 갖게 될 것이다. 마치 바이런 경(Lord Byron)이 미래의 아내에게 보낸 편지에 쓴 글귀처럼 말이다. "인생의 커다란 목적은 감각이죠. 심지어 우리는 고통을 통해서도 우리가 존재한다는 것을 느낍니다."[19]

따라서 이것을 목록에 더하도록 하자. 스크린을 보면,

- S는 빨간 감각 b를 갖게 된다.
- S는 이 빨간 감각을 갖고 있음, 즉 p(b)를 느끼게 된다.
- S는 스크린이 빨갛다는 지각 p(a)를 갖게 된다.
- S는 자기 자신을 경험하게 된다.

자, 이제 나는 이 네 가지 논점이면 꽤 충분하다고 말하려 한다. 이 정도면 우리가 분석을 해나가는 데 필요한 만큼은 나아갔다 할 수 있을 것이다. 그렇지만 한 가지 매우 중요한 상황이 남아 있다. 우리는 강연장에 있는 S가 다른 사람들이 존재하는 곳에서 스크린을 바라보고 있다는 것을 잊어서는 안 된다. 게다가 이런 사회적 맥락 때문에 아주 새로운 쟁점들이 생기게 된다.

로마의 극작가인 테렌티우스(Publius Terentius Afer)는 다음과 같은 유명한 말을 남겼다. "난 사람이고, 인간적인 그 어떤 것도 내겐 생경하지 않다."라고. 이런 웅대한 정서를 국부적으로 적용해보자면, S는 당신의 마음속에서 벌어지고 있는 일[그림3]에 관

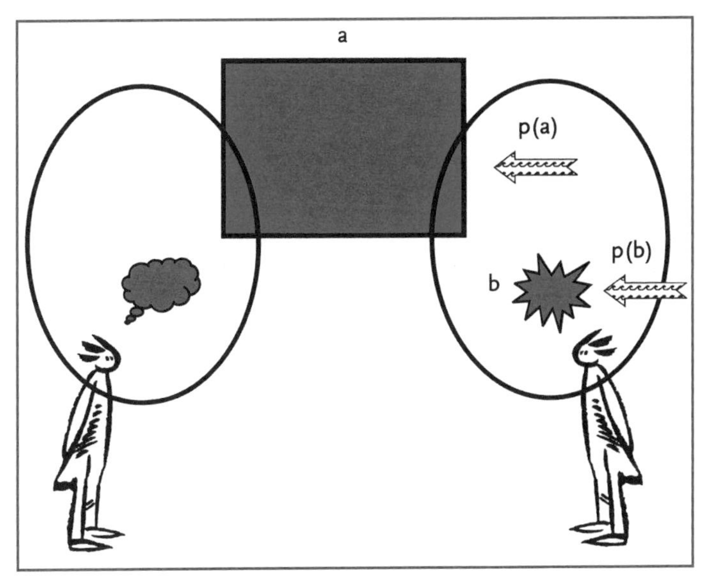

3

심을 가지고 있고, 관심을 가질 수밖에 없다. S의 경험에다가 당신이 스크린을 바라보고 있다는 것을 고려해 넣지 않고서는 S의 경험에 대한 어떠한 설명도 완벽해지지 않는다.

심리학자들이 부르는 말로 S의 '마음이론(theory of mind)'(다른 사람들이 자신과는 다른 신념, 욕망, 의도, 지식 등을 갖고 있음을 이해하는 능력—옮긴이)은 자기 자신을 당신의 입장에 놓고 상상해보는 것('시뮬레이션[simulation]' 마음이론)에 근거하거나, 아니면 보다 추상적인 연역의 수준에서 그것을 충분히 생각해보는 것('의견[theory]' 마음이론)에 근거할 것이다. 하지만 어찌 됐든 결론은 이것이다. S는 당신도 빨강을 보고 있다고 추정한다.

아, 그런데 S가 당신이 빨강을 보는 것에 대해 추정하는 것은 무엇인가? S는 자신이 옳게 추정했다는 것을 얼마나 확신할 수 있을까? (이번엔 순서를 좀 바꿔야 할 테지만) 우리가 좀 전에 지적했던 네 가지 논점을 검토해보자.

우선 S는 당신이 스크린을 보게 될 때 자기가 알게 된 것과 똑같이 세계에 대한 비인격적인 사실을 알게 된다고 가정한다. 다시 말해 S는 당신도 스크린이 잘 익은 토마토의 색깔인 빨간색으로 칠해져 있음을 지각하리라[그림3, p(a)]고 가정한다. 이 지점에서 S가 틀렸을 수도 있다는 것은 참이다. S는 몰랐지만 당신이 색맹일 수도 있어서 모든 것을 흑백으로만 볼지도 모른다. 아니면 당신이 아주 드문 질환인 색인지불능증(color agnosia)을 가지고 있어 당신 뇌의 색깔을 분류하는 영역이 더 이상 제대로 작동하지 않고 있을 수도 있겠다.

하지만 이것은 S가 상대적으로 쉽게 파악해낼 수 있는 것이다. 당신에게 묻기만 하면 된다. 스크린의 색깔에 대한 S의 지각과 당신의 지각은 정확하게 동일한 비인격적 사실에 관한 것이므로, 당신에게 뭔가 잘못된 것이 있는 게 아니라면 (혹은 S에게 뭔가 잘못된 것이 있는 게 아니라면) S와 당신은 공개적으로 그것에 동의하게 될 것이다. 당신이 동의하지 않는 것으로 판명되는 경우, 예컨대 S는 스크린의 색이 토마토의 색이라고 이야기하는데 당신은 블루베리의 색이라고 이야기하는 경우, S는 객관적인 물리적 측정 장비에 의지해서 누가 옳은지 결정할 수도 있다. 만일 그 장비를 통해 자신의 지각 판단이 옳다고 확증된다면 S로서는 당신을 수정하고 싶어 하는 것도 당연하다.

하지만 이제 당신에겐 그것이 어떠한지로 좀 더 다가가 보자. 당신이 정말 스크린이 빨간색으로 칠해졌다고 지각한 것을 인정한다면, S는 의심할 바 없이 당신도 S 자신과 동일한 현상적 경험을 하게 될 것으로 상상할 것이다. S는 당신도 빨간 감각을 만들어낸다, 즉 레딩을 한다고 믿는다[그림3, b]. 이 지점에서 S가 다시 한 번 틀렸을 수도 있다. S가 모르게 당신은 의식을 변조하는 약물을 복용하고 있어 당신이 만들어내는 감각이 정상이 아닐 수도 있다. 아니면 심지어 당신은 다르게 하도록 태어났을 수도 있기에 평생 동안 당신이 빨간 스크린을 볼 때 만들어내는 감각은 S가 파란 스크린을 볼 때 만들어내는 감각에 더 가까울 수도 있어서, S가 레딩에 몰두하는 사이, 당신은 블루잉(blueing)에 몰두할 수도 있겠다.

하지만 이것을 확인하는 것은 절대 간단하지 않다. S의 감각과 당신의 감각은 완전 별개의 사실들이지, 같은 한 가지 사실이 아니다. 이 사실들은 S와 당신의 뇌에 각각 들어 있는 인격적인 사실들이며, 아직까지는 그것을 객관적으로 측정하고 비교할 수 있는 장비가 만들어지지 않았다.

S가 당신에게 직접 질문해서 이 문제를 해결하리라 기대할 수도 없다는 것은 분명한데, 왜냐하면 S가 그렇듯, 아마도 당신은 당

신의 경험이 가지고 있는 본질적인 속성에 대해 이야기할 수가 없기 때문이다. 그럼에도 S는 여전히 그 경험에 대한 기록들을 비교해보려고 시도하는 것이 합당하다고 생각할 수도 있겠다. S로서는 당신도 S처럼 당신이 만들어내는 감각에 대해 제한된 정도나마 명제적 접근이 가능할 것으로 여기는 것이 당연하다[그림3, p(b)]. 당신도 자신이 그 감각을 가지고 있다고 느끼며, 당신이 느끼고 있는 것 중의 어떤 것에 대해서는 S에게 이야기하거나 보여줄 수 있을 것이다.

S는 당신과 S 자신이 실제로는 비슷한 일을 하고 있다고 가정하고 있으므로, S는 우선 당신이 시각적 감각을 가지고 있고, 예컨대 청각적 감각은 아니라고 말해줄 것으로 기대할 수 있다(물론 당신이 시각장애가 있어 보이스 장치를 사용하고 있는 것이 아니라는 가정하에서 말이다!). 하지만 그 이상으로, S는 어떤 정서의 수준에서는 그 감각이 당신에게 미치는 영향에 대해 서로 동의할 것으로 기대할 수 있다. 예컨대 그 감각이 강렬하고 뜨겁다는 식으로 말이다.

하지만 당신이 자신의 감각이 시각적인 것은 맞지만, 알프스의 호수에서 목욕을 하는 것처럼 정말 시원하고 고요하다고 말해서 S를 놀라게 한다고 가정해보자. 이 경우 S는 물론 당신을 수정하려 들진 않을 것이다. 대신에 S는 당신의 감각이 실제로 S 자신의 감각과는 같지 않다고 합당하게 결론을 내리게 될 것이다. 아마도 S가 레딩을 하고 있을 때 당신은 블루잉을 한다는 식으로 말이다. 당연하다. 당신의 마음이니까. 앞서 말했듯이 당신은 심지어 그렇게 하도록 태어났을지도 모른다.

내가 연구한 원숭이들은 모두 색깔에 대해서 놀라울 정도로 비슷한 태도를 가졌다. 직접적인 선호도 검사에서 내가 연구한 열 마리의 원숭이 모두가 청색, 녹색, 황색, 적색의 순으로 선호도를 보였는데, 이는 선호도에 종 수준의 유전적 기초가 있음을 강력히 시사하는 것이다. 표준적인 조건에서 검사하는 경우, 인간도 대부분 비슷한 선호도를 보인다. 하지만 모두가 그렇지는 않다. 크리스 맥매너스(Chris McManus)는 54명을 대상으로 각각 256가지의 쌍쌍비교를 해서 색 카드에 대한 사람들의 선호도를 조사했는데, 대략 70퍼센트의 피험자가 일관되게 황색/적색의 색조보다는 청색/녹색의 색조를 선호한 반면, 20퍼센트나 되는 사람들이 완전히 상이한 패턴을 보이며 청색/녹색보다는 황색/적색에 대한 선호를 일관되게 보여줬다.[20] 이것을 너무 중시해서는 안 되겠지만, 생각해볼 점이 있다는 것은 인정하자.

양식, 정서 등을 포함하여 감각을 가졌다는 것이 어떤 것인지 이야기할 수 있는 그 모든 것에 대해 S와 당신이 동의한다고 해도, S와 당신의 현상적 경험이 모든 측면에서 동일하다는 것을 보장하진 못한다는 점을 서둘러 지적해야겠다. 모든 사람들은 경험의 본질적인 특성 중 일부에 대해서는 명제적 접근이 불가능하기 때문에, 행동 수준에서는 어떤 식으로든 드러나지 않을 그런 차이가 사람들 사이에 존재할 수 있다.

그런 숨겨진 차이가 있다 하더라도 그 차이가 그렇게 중요한 것은 아니며, 적어도 인생을 뒤바꿀 만큼은 아니라고 말할 수도 있으리라. 하지만 그럼에도 불구하고 그 차이들이 실재하며, 사소하지 않을 수 있다. 난 예전에 두 사람 A, B에 대한 비유를 언급한 적이 있다. 여기서 두 사람은 각각 시계가 하나씩 들어 있는 상자를 가지고 있고, 그 안에 들어 있는 시계를 사용하여 시간을 말할 수 있다.[21] 그 두 시계는 한 가지 고유한 특징만 제외하고 모두 동일하다. 즉, A의 시곗바늘은 시계방향으로 도는 반면, B의 시곗바늘은 반시계방향으로 돈다. A와 B가 각자의 시계를 읽고 현재 시각, 시간이 흘러가는 속도 등등에 대해 동의한다. 시곗바늘이 도는 방향의 차이란 아무런 차이도 만들어내지 않는 것처럼 보인다. 그럼에도 그 차이에 확실하게 의미를 부여할 수 있으며, 심지어 중요성을 부과할 수도 있다.

따라서 당신과 함께 스크린을 바라보고 있는 S는 당신과 S 사이에 어떤 확인 불가능한 차이가 있을 수 있고, 그럴 가능성이 높다고 받아들여야 한다는 것을 우리는 인정해야만 한다. 완전히 사적이랄 수 있는 성벽(idiosyncrasy)에 대해서라면, 크진 않더라도 자유재량이 존재할 수밖에 없다.

당신에게 그것이 어떤지에 대해 S가 완전하게 확신할 수는 없다 하더라도, S는 뭔가에 대해서는 충분히 확신할 수 있다. 바로 당신이 어떤 종류의 시각적 감각을 가지고 있다(거나 혹은 외적 가능성으로, 가지고 있지 않다)는 것 말이다. 왜냐하면 당신이 아무런 감각도 가지고 있지 않다면 당신이 그것을 알게 된 첫 번째 사람이고, 그렇게 이야기하는 첫 번째 사람일 수도 있다고 믿을 만한 충분한 이유가 있기 때문이다.

드문 경우긴 하지만 뇌의 시각피질이 손상된 후에 나타나는 맹시(blindsight)라 불리는 증상도 있다. (다음 장에서 더 많이 이야기할 테지만) 이런 환자는 정말로 모든 시각적 감각이 결여되어 있는데, 색깔을 비롯한 외부 세계의 어떤 특징들에 대해 여전히 지각할 수 있거나 적어도 정확하게 추측할 수 있는 경우일 때에도 시각적 감각은 없다. 승산은 별로 없지만, 당신이 맹시를 가진 사람이라 가정해보자. S가 당신이 맹시라는 중요한 사실을 놓칠 가능성이 있을까? S가 단순히 당신에게 물어보기만 해도 그럴 리는 없다. 왜냐하면 사실상 감각이 없다는 것은 맹시를 가진 환자들이 가장 잘 인식하고 있는 것이기 때문이다. 실제로 이런 환자는 자신의 지각적 상상력이 아무리 좋다고 해도, 자신은 의식적으로 시각장애인이라고 큰 소리로 항변하는 것이 보통이다.

가능성은 더 희박하지만, 당신이 모든 시각적 감각을 결여한 사람, 즉 시각적 좀비[22]로 태어났다고 가정해보자. 당신은 한 번도 그 차이를 알게 된 적이 없으므로, 맹시 환자들처럼 자발적으로 그 사실에 대해 언급하지도 않을 것이다. 그렇다 해도, 몇 번 물어보는 것만으로 그 사실을 알아낼 수 있으리라 생각한다.

현실로 되돌아오자면, S는 당신이 좀비가 아니라는 것을 알아낼 수 있으며, 아마 알게 될 것이다. 나는 내가 이 사실에 대해 기뻐하고 있다고 자유로이 인정하련다. 난 이미 (실제로는 나 자신에 대해 이야기한 것이지만) S가 자신이 감각을 가지고 있다는 것을 좋아하며, S가 자신이 의식을 가졌다는 것을 좋아한다고 주장했다. 하지만 내가 똑같이 확신하고 있는 것은 S가 당신 안에 있는 의식도 좋아하리라는 것이다. S가 가장 믿고 싶어 하지 않을 한 가지는 바로 자신만이 세상에 존재하는 유일한 자아(Self)라는 것이다.

영국의 희극인인 스티븐 프라이(Stephen Fry)는 그와 반대로 생각해보는 주인공이 등장하는 소설을 썼다. "사람들이 A1 고속도로에 덜컹거리며 나타날 때마다 스스로에게, 저 사람들은 존재하지 않는다고 거듭 상기시켰다. 다른 사람들은 존재하지 않아. (……) 이 모두가 나를 시험해보는 영리한 방법일 뿐이야. 남쪽으로 운전해가는 이 모든 차량들에는 아무도 없어. 그렇게 많은 개개의 영혼들이 있을 리는 없을 테니까. 나 자신과 같은 그런 영혼들은 없어. 여유 공간이 없잖아. 그럴 리가 없어."[23] 하지만 누군가 정말 이렇게 믿는다면, 그 사람은 이루 말할 수 없이 외로울 것이다. 난 심지어 내 개가 좀비일지도 모른다고 생각하는 것만으로도 마음이 상한다.

자, 이제 되었다. 당분간 필요한 만큼의 현상학적 분석까지는 나간 셈이다. 여기서 드러난 몇 가지 논점과 구별되는 점들은 다음과 같다.

1. 현상적 경험/명제 태도
2. 감각/지각
3. 가치들/사실들
4. 1인칭/3인칭
5. 시뮬레이션 마음이론/의견 마음이론

6. 거기 있음/텅 비어 있음

루트비히 비트겐슈타인(Ludwig Wittgenstein)은 짓궂게도 다음과 같이 썼다. "우리는 본다는 것에 관하여 어떤 것들이 곤혹스럽다는 것을 알게 되는데, 왜냐하면 본다는 것 전체에서는 충분히 곤혹스러운 것을 발견하지 못하기 때문이다."[24]라고 말이다. 내 생각에 우리는 본다는 것 전체가 충분히 곤혹스러워졌다고 주장할 수 있겠다. 이제 그 이면에 무엇이 놓여 있는가라는 질문으로 주의를 돌려볼 때이다.

어째서 우리 인간은 이토록 놀라울 만큼 복잡한 방식으로 세상을 경험하는 것일까? 그렇게 해야 할 구조적, 기능적 이유들은 무엇일까? 그런 이유들은 어떤 진화의 역사를 거쳤을까? 특히 의식의 진화 역사는 어떤 것일까?

일반적으로 세상에서는 의식이라는 용어가 폭넓거나 좁은 용례에 모두 쓰인다. 주체인 S가 빨간 스크린을 바라보면서 자신이 "의식적으로 빨강을 보고" 있다고 말한다면, 우리가 이제까지 식별해낸 경험의 구성요소 중 어느 것 혹은 모두를 가리키는 것일 수 있다. "나는 의식적으로 빨간 감각을 가지고 있다", "나는 그 감각이 빨갛다는 것을 의식하고 있다", "나는 그 스크린이 빨갛다는 것을 의식하고 있다", "나는 나됨을 의식하고 있다", 심지어는 "나는 당신의 당신됨을 의식하고 있다"라고 말이다.

하지만 우리는 이 중 하나에만 압도적인 관심이 있다고 선언하는 것을 두려워할 필요는 없다. 바로 현상적 의식 말이다. 앞으로 논의해가다 보면 우리는 다양한 유관 논점들과 연결되어 있는 문제들에 손대게 될 것이다. 하지만 그 핵심에는 가장 큰 질문이자 가장 어려운 질문, 많은 사람들을 두 손 들게 만든 도전이 놓여 있다. 그것은 현상적 의식이란 무엇이며, 그것은 어떻게 진화했는가라는 질문이다. 이 질문을 다시 구성해보면 이렇다. 무엇이 감각을 만들어내고 있는가, 무엇이 이와 같은 그것을 감각의 주체로 만드는가, 그리고 어째서 그것이 중요한가?

이미 살펴보았듯이 30여 년 전에 스튜이트 서덜랜드는 의식을 연구한 학자 중 어느 누구도 좋은 생각을 해내진 못했다고 말했다. 게다가 그런 냉소적인 의견에 부합이라도 하듯, 그다지 변한 것도 없다. 철학자인 제리 포더(Jerry Fodor)는 숙고한 후 2004년 다음과 같은 의견을 내놓았다. "(의식이 무엇으로 이루어졌는지는 논외로 하더라도) 의식이 무엇이며, 어떤 일을 하고, 어떻게 그 일을 하게 되는지에 대해 조금이나마 아는 사람조차 없다."[25]라고. 포더가 지금 여기 우리와 함께 빨간 스크린 앞에 있다고 가정해보자. 난 포더가 기꺼이 좀 더 구체적으로 다음과 같이 말할 것이라 확신한다. "(경험이 무엇으로 이루어졌는지는 논외로 하더라도) 빨간 감각을 만들어내는 경험이란 무엇이며, 어떤 일을 하고, 어떻게 그 일을 하게 되는지에 대해 조금이나마 아는 사람조차 없다."라고 말이다.

그렇다면 이제 이것을 새로운 도전과제로 삼아 논의해보자. 우선 감각이란 무엇인지에 대해 좀 더 살펴보자. 하지만 이때 [다음과 같은] 일종의 철학적 건전성 경고를 [머릿속에] 탑재하고 있는 것이 중요하다. 감각이 현상적 의식의 운반체(vehicle)이자 그것의 행사(occasion)라 하더라도, 감각이 무엇인지를 발견해낸다고 해서 곧바로 우리가 어째서 감각의 정체성이 의식적인지를 알게 되는 것은 아니라는 것이다. 감각이 무엇이건 간에, 어째서 감각이란 존재가 여벌의 특징들을 가지고 있고, 그 여벌의 특징들로 인해 일상적인 감각 경험을 어떻게든 현상적으로 풍요로운 의식적 감각 경험의 영역으로 끌어올리는 것인지 이해하기 위해서는 훨씬 깊숙이 파헤쳐봐야 한다. 철학자인 대니얼 데닛

(Daniel Dennett)은 이 여벌의 신비로운 특징을 (회의적이게도) "요인 X(factor X)"[26]라고 이름 붙였다.

우리가 감각의 정체에 접근해감에 따라 이 요인 X가 우리 수중에 들어올 가능성도 있다. 물론 아닐 수도 있다. 우리는 행운을 기대해볼 뿐이다.

본다는 것의 전형적인 예에서는 적어도 세 가지 일이 진행되고 있다([그림2]를 다시 보라).

· 감각 b를 가짐
· 이 감각을 갖고 있다고 느낌, p(b)
· 외부세계의 사실에 대한 지각, p(a)

감각의 본성을 설명하는 것이 우리의 주요한 목적이라 해도, 이 세 가지 구성요소가 어떻게 연결되어 있는지 묻는 것으로 시작하는 것이 좋으리라는 것은 분명하다. 이 지점에서 나 자신이나 다른 사람들의 실패에 근거해보면, 이것을 먼저, 그것도 올바르게 파악하고 나야, 다른 사람들처럼 수렁에 빠져 헤어 나오지 못하는 것을 피할 수 있다.

따라서 나는 나쁜 소식부터 말해야겠다. 수백 년 동안 철학적이고 심리학적인 논의를 해왔지만, 감각적, 지각적 경험의 이 세 가지 구성요소 사이의 관계가 제대로 이해되지 못하고 있다고 말이다.

감각적 경험이 갖는 중층적 특성에 대해서는 철학자 토머스 리드가 1785년 처음으로 관심을 표했다. "외부의 감응들(senses)은 이중적인 소관을 가지고 있어 우리가 느끼게 하며, 또한 우리가 지각하게 한다. 이 감응들은 우리에게 즐겁거나 고통스럽거나 혹은 그저 그런 다양한 감각들(sensations)을 제공해준다. 동시에 이 감응들은 우리에게 이해와 더불어, 외부에 물체가 실재한다는 꺾을 수 없는 신념을 준다."[27]라고 말이다.

리드 자신이 가장 선호했던 사례는 장미 한 송이의 향기를 맡는 경우였다. "그 자체로만 생각해볼 때 내가 느끼는 기분 좋은 향기는 그저 감각에 불과하다. 그 향기는 어떤 방식으로 마음에 영향을 미친다. 그리고 마음에 미치는 이런 효과는 장미나 다른 어느 것에 대해 생각해보지 않고도 느낄 수 있다. 이 감각이란, 향기가 느껴지도록 되어 있는 바로 그것과 다름없다. 그것의 본질은 바로 느껴지는 데에 있으며, 느껴지지 않을 때에는 존재하지 않는다. (……) [대조적으로] 지각은 항상 외부 대상이 있고, 이 경우 내 지각의 대상은 내가 냄새를 맡아 구별할 수 있는 장미의 특성이다."[28]

앞 장에서 확립했던 용어로 써보자면, S가 장미의 냄새를 맡을 때[그림4],

- S는 후각적인 장미의 감각 s를 갖게 된다.
- S는 자신이 이런 장미의 감각을 갖고 있다는 느낌, p(s)를 갖게 된다.

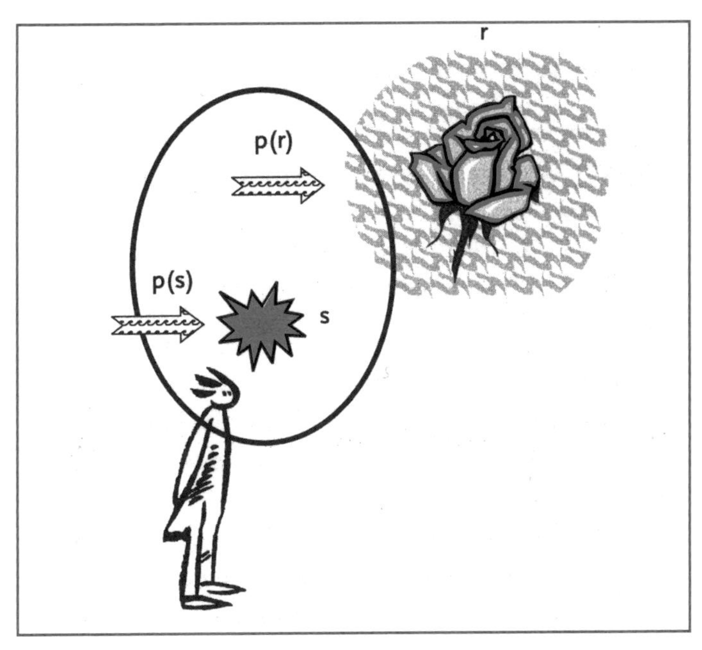

4

· S는 장미가 장미의 냄새를 갖고 있다는 지각, p(r)을 갖게 된다.

문제는 이 세 가지가 어떻게 연결되어 있느냐다. 리드 자신은 단순한 답변을 내놓았는데, 감각은 지각이 그 기반을 두고 있는 증거(evidence)를 제공한다는 것이었다. 다시 말해서 여러 요소들이 연쇄적으로 다른 요소에 이르게 된다는 것이다. 따라서 리드는 계속해서 다음과 같이 설명한다. "기분 좋은 감각이 장미가 가까이

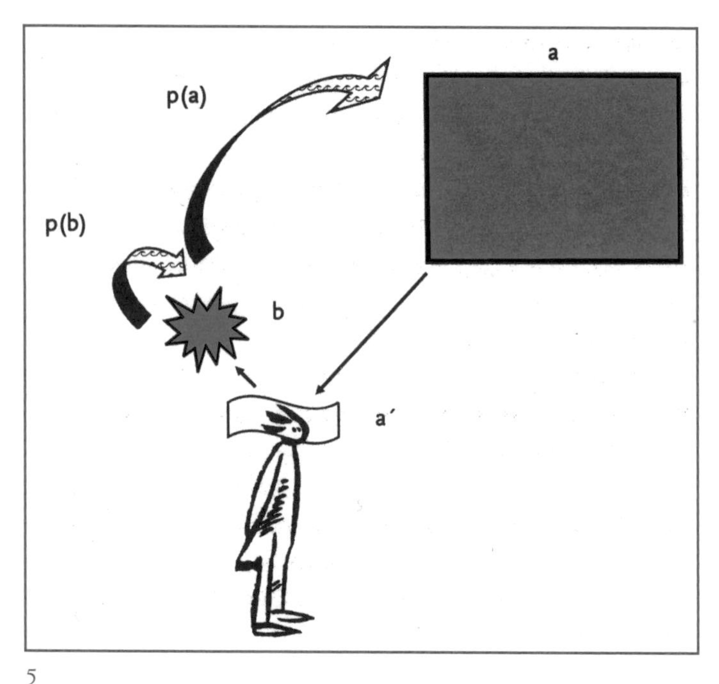

5

있을 때에 생기고, 장미를 치웠을 때 사라진다는 관찰을 통해 나는 나의 본성상 장미 안에 어떤 특성이 있다고 결론짓게 되는데, 이것이 이런 감각의 원인이다. 장미의 이런 특성이 바로 지각된 대상이다."[29]

감각에서 지각으로 이르는 연쇄고리라는 이러한 생각은 정말 완벽하게 말이 되는 것처럼 보일 수도 있겠다([그림5]를 보라).

1. 외부의 대상 a는 감각기관 a′으로 자극을 전달한다.
2. S는 이런 감각적 자극에 대한 낮은 수준에서의 복사본의 일종으로서 하나의 감각 b를 만들어낸다.
3. S는 감각의 속성 p(b)를 판독한다.
4. 마지막으로 S는 외부세계의 사실들 p(a)를 재구성하기 위한 기초로서 이런 판독을 사용하게 된다.

물론 마지막 단계 4에서 의도적인 추론이 들어가야 하는 것은 아니다. 오히려 리드가 말한 것처럼 "자신의 본성상 결론짓게 되는" 경우이거나, 아니면 후대의 철학자들이 부르는 말로 "무의식적인 추론(unconscious inference)"의 경우일 수 있다.

이것은 사물을 마음속으로 그려보는 오래되고 친숙한 방법 중 하나이며, 비전문가 다수가 지각에 대해 이해하고 있는 바를 보여준다. 하지만 문제는 이것이 사실일 수 없다는 것을 우리가 오래전부터—적어도 심리과학에서는 오래전부터—알고 있었다는 것이다.

먼저 자극이 어떤 감각을 유발하기에는 너무 약하거나 짧은데도 불구하고 그 주체가 외부의 대상에 대해 정확한 지각적 판단을 할 수 있는 다양한 경우가 있음을 알고 있는데, 이런 현상을 역하지각(subliminal perception, 부지불식간에 하게 되는 지각—옮긴이)이라 부른다. 하지만 보다 명확한 예로는 심지어 모든 감각의 역량을 완전히 무능력하게 만들어놓은 경우에도 주체가 여전히 정확한 판단을 할 수 있다는 것이다. 이것의 가장 전형적인 예가 앞장에서 잠깐 논했던 맹시라는 현상이다. 맹시가 앞으로 나올 주장에서 두드러지게 나타날 테니, 잠깐 그 역사에 대해 이야기해야겠다.

맹시와 같은 현상이 존재할지도 모른다는 징후를 내가 처음 알게 된 것은 1967년 케임브리지대학의 박사과정 학생이었을 때 뇌가 손상된 원숭이를 연구하면서였다.[30] 내 지도교수였던 래리 바이스크란츠(Larry Weiskrantz)의 실험실에는 헬렌이란 이름의 원숭이가 있었는데, 헬렌은 시각피질이 정상적인 시각에서 하는 역할을 알아내기 위해 뇌 뒤쪽의 일차 시각피질을 모두 제거하는 외과수술을 받았다. 이 수술은 1965년에 이루어졌으며, 수술 후 2년 동안 이 원숭이는 완벽하게 눈이 먼 것처럼 보였다. 하지만 내게는 이게 전부가 아니라고 생각할만한 이유가 있었다.[31] 그래서 내게 시간 여유가 생기고 이 원숭이가 바이스크란츠의 연구에 참가하고 있지 않은 한 주 동안 좀 더 알아내기로 마음먹었다.

며칠에 걸쳐 나는 원숭이 우리 옆에 앉아 원숭이와 놀았다. 반갑게도 이 눈 먼 원숭이가 가끔 내가 하고 있는 일을 바라보고 있다는 것이 곧 분명해졌다. 예를 들자면, 내가 사과 조각을 손에 쥐고 원숭이 앞에서 흔들면 원숭이가 분명히 그것을 보았으며, 손을 뻗어 사과 조각을 잡으려 들었다. 그 게임이 계속되자 그저 무관심한 듯 앉아서 먼 곳만 멍하니 바라보고 있던 이 원숭이는 시각에 다시 관심을 갖고 시각에 참여하는 원숭이로 변신했다.

나는 바이스크란츠를 설득해서 헬렌을 대상으로 연구를 계속

할 수 있도록 허락을 받았다. 그 후 7년 동안 나는 헬렌을 옥스퍼드로 데려갔고, 다시 매딩리에 있는 케임브리지의 동물행동학과로 데려왔다. 나는 가죽끈에 묶인 헬렌을 매딩리에 있는 들판과 숲으로 데려갔다. 나는 용기를 북돋아주고 구슬려가며 헬렌이 자기 자신이 무엇을 할 수 있는지 깨닫도록 돕기 위해 모든 방법을 동원했다. 느리긴 했지만 확실히 원숭이의 시력이 좋아졌다. 마침내 헬렌은 장애물로 가득찬 방을 돌아다니며 바닥에 있는 잡동사니들을 집어들 수 있게 됐다. 이 원숭이가 시각피질이 전혀 없다는 것을 모르고 있는 사람이라면 이 원숭이가 완전히 정상적인 시력을 가졌다고 생각할 정도였다.

하지만 나는 이 원숭이의 시각이 정상이 아니라는 것을 거의 확신하고 있었다. 난 헬렌을 너무 잘 알고 있었던 것이다. 헬렌과 정말 오랜 시간을 함께 보내면서 나는 이 원숭이처럼 된다는 것은 어떤 것일까에 지속적인 의문을 품었다. 비록 뭐가 잘못되었는지에 대한 단서를 잡기는 어려웠지만, 내 느낌엔 여전히 이 원숭이는 자신이 볼 수 있다는 것을 정말로 믿지는 않는 것 같았다. 원숭이의 행동을 관찰해보면 그런 기미를 알아차릴 수 있었다. 예를 들어 헬렌은 마음이 상하거나 공포에 질렸을 때 다시 눈이 먼 것처럼 비틀거리곤 했다. 그것은 마치 원숭이가 [의식적으로 보려고] 너무 노력하지 않아야만 앞을 볼 수 있다는 것만 같았다.

1972년 나는 『뉴사이언티스트(*New Scientist*)』에 논문을 실었는데, 그 잡지의 표지에는 헬렌의 초상사진과 함께 하단에 "모든 것을 볼 수 있는 눈 먼 원숭이"라는 헤드라인이 달렸다[그림6].

6

하지만 분명 이 헤드라인은 옳지 않은 것이었다. 모든 것이 아니었던 것이다. 그 학술지 안에 실린 내 논문의 진짜 제목은 "보기와 공허(Seeing and Nothingness)"였으며, 그 논문에서 나는 헬렌의 시각이 우리가 예전에는 전혀 눈치 채지 못했던 그런 종류의 보기라고 주장했다.[32]

자신의 내적 세계가 어떤지 말해줄 수 없는 원숭이를 통해서는 그 경험이 정말 어떤 것인지를 알아낼 방법이 없는 듯했다. 그걸 알아내기 위해서는 사람에게서 얻은 증거가 필요했으나, 그 당시에는 이 원숭이에 비견할 만한 그런 인간의 사례가 없었다. 그 당시의 증거는 이와 유사한 뇌손상을 가진 사람은 시각을 회복하지 못하리라는 것을 시사했다. 나는 "인간의 시각피질이 심각하게 손상된 경우, 그 시각상실은 전면적이며 영원하다고 한다. [그렇지만] 시각에 대해 좀 더 유연한 정의를 사용하게 되면, 이제까지 임상 의사나 환자의 눈으로 파악해낸 것 이상의 것이 시각에 존재한다는 것을 발견해낼 수 있을 것이다."라고 썼다.

그러고 나서 몇 년 이내에 우리가 헬렌을 통해 발견해낸 것에 자극을 받은 바이스크란츠는 새로운 수준의 연구를 시작하여 시각피질에 심각한 손상이 생긴 인간 환자도 원숭이와 마찬가지로 자기 시야의 보이지 않는 부분에서 상당한 수준의 시각을 보여줄 수 있도록 유도할 수 있다는 것을 입증했다. 하지만 이제는 환자가 인간이므로 연구자에게 그런 시각이 자신에게 어떤 것인가를 말해줄 수 있었다. 그리하여 놀랍게도 이것이 일종의 무의식적인 시각(unconscious vision)으로 판명되었다.

그 환자는 자신이 앞이 보이지 않는다고 믿고 있었으며, 자신이 시각적 감각이 전혀 없다고 말하면서도 여전히 물체의 위치와 모양을 추측할 수 있었다.[33] 게다가 나중에 알게 된 것이지만, 이 환자는 색깔도 정확하게 추측할 수 있었다. 따라서 이 환자가 만일 여기 이 자리에 있고 스크린이 자신의 시야 중 보이지 않는 부분에 놓여 있다면 자신에게는 빨간 감각은 전혀 없다고 이야기하겠지만, 여전히 이 스크린이 빨갛게 칠해져 있다고 말해줄 수 있을 것이다.[34]

맹시의 실제에 대해서는 이제까지 십수 명 이상의 환자들로 확증되었다. 더 많은 것을 드러내기 위해 나중에 이 주제로 돌아와 더 파헤치게 될 것이다. 하지만 여기서 곧바로 드러나는 한 가지 논점은 이것이다. 맹시의 존재는 시각적 지각이 반드시 감각을 포함해야 할 필요는 없다는 것을 보여주려 할 때 좋은 증거가 된다는 것이다. 만일 [그림5]에서 제시한 감각에서 지각에 이르는 연쇄경로가 존재한다 해도 그것이 유일한 경로는 아니리라는 것이다. 감각을 경유하지 않는 독립된 경로가 존재해야만 하며, 이 경로는 감각이 존재하지 않을 때 사용될 수 있다.

하지만 이게 사실이라면 무슨 이유로 연쇄경로가 존재한다고 가정해야 한단 말인가? 분명 우리가 고려해야 할 대안적 경로는, 심지어 감각이 존재하고 있는 경우에도 지각은 감각과는 무관하게 진행된다는 것이리라. 어떤 종류의 증거가 이렇게 훨씬 급진적인 주장을 뒷받침할 수 있을까?

감각을 만들어내는 과정을 완전히 파괴하는 대신, 이 과정이 비정상적으로 작동해서 자극을 왜곡하며 잘못된 사본을 만드는 경우를 가정해보자. 만일 감각이 존재할 때 지각이 그 감각에 의존하는 것이라면, 이런 비정상적인 작동은 지각에 연쇄적인 반응을 일으킬 수밖에 없을 것이다. 하지만 만일 지각이 감각과는 상대적으로 무관한 것이라면, 이런 오작동은 지각에 별다른 해를 끼치지 못할 것이다.

그런 경우가 있을까? 있다. 그것도 다양한 범위에 이르는 경우들이 있는데, 약물이나 뇌손상으로 인해 환자들이 감각 수준에서 주요한 변화가 일어난다고 말하는 경우다. 적어도 몇몇 경우에서 볼 수 있는 주목할 만한 사실은 그 환자의 외부세계에 대한 지각은 전혀 영향을 받지 않은 채로 남아 있다는 것이다. 예를 들어 뇌의 두정피질에 손상이 있는 환자들은 변시증(metamorphopsia)의 일종인 기이한 상태를 경험하게 되는데, 외부세계는 변하지 않고 그대로인데도 불구하고 그 시야가 유동적이어서 부풀거나 쪼그라들기도 하고 색깔이 변하기도 한다. 하지만 그런 감각적인 혼돈 중에도 그 환자는 물체 주변을 돌아다니거나 인식하는 데에 거의 아무런 문제가 없다. 변시증은 "인식불능증이나 무지각증이 없이"[35] 일어나고 있다.

메스칼린이나 LSD를 복용한 후에도 비슷한 일이 벌어질 수 있다. 꽤나 당연한 일이지만, 그런 사람은 "변화가 없는 변화"를 경험한 것을 말로 옮기는 데에 어려움을 겪는다. 하지만 여기 LSD를 복용한 후 자신에게 어떤 일이 벌어졌는지 묘사한 한 여성의 말을 들어보자. "그 실험이 시작된 지 45분쯤 지나자 상이한 특징의 의식이 갑자기 밀려들었다. 뭐라 정의할 수 있을 만큼 변한 것은 하나도 없었지만, 방의 모습이 갑자기 바뀌었다. (……) 나는 '정말 감동적일 정도로 사랑스럽지만, 어째서 그런지 설명할 수가 없네. 거기에는 성스러운 평범함이 있어. 그런데도 완전히 달라.'라고 말했다."[36]

신경심리학자인 스티븐 코슬린(Stephen Kosslyn)은 변시증과 관련해서 다음과 같이 언급한 적이 있다. "경험과 기능 사이의 해리(dissociation)는 매혹적이어서, 인식에 이르게 되는 '명령의 연쇄 고리' 바깥에서 (……) 경험이 부수적인 과정을 통해 만들어지는 것임을 시사하고 있다. 이게 사실이라면 이런 부수적인 경로는 주된 경로가 해를 입지 않은 경우에도 교란될 수 있다."[37]라고 말이다.

나는 코슬린의 주장이 옳다고 생각한다. 실제로 감각(코슬린이 여기서 "경험"이라는 말로 지칭한 것)이 지각적 인식에 이르게 되는 "명령의 연쇄 고리 바깥에" 존재한다는 것만이 사리에 맞는 유일한 추론이다. 그러나 코슬린도, 바이스크란츠도, 그리고 이런 기이한 현상들에 대해 생각해봤던 그 어느 누구도, 아직은 내가 보기에 명백히 따라갔어야 할 길로 갈 준비가 되어 있지 못했다.

만일 감각이 옆길(side-lined)일 수 있다면, 이 말은 실제로 감각이 일종의 부차적인 일(side show)이라는 것을 의미하는 것일까? 감각이 지각에서 아무런 역할도 하지 않는다고 주장한다면 너무 나아간 것일지도 모른다. 하지만 내 생각엔, 그 증거의 중요성을 놓고 볼 때, 같은 사건에 의해 촉발된다 하더라도 감각과 지각은 그 사건에 대한 본질적으로 다른 해석이며, 연쇄적으로 일어나는 것이 아니라 병렬적으로 일어나고, 둘 사이에 상호작용이 있다고 하더라도 훨씬 나중에 벌어지리라는 것을 시사한다.

바로 본론으로 들어가자면, 내 대안적인 모형(model)은 다음과 같다[그림7].[38] 외부세계의 물체인 a는 감각기관인 a´으로 자극을 전달한다. 주체는 이에 대한 능동적인 반응—인격적인 가치평가 반응—으로서 감각 b를 만들어낸다. 이 반응이 자극의 복사본이 되

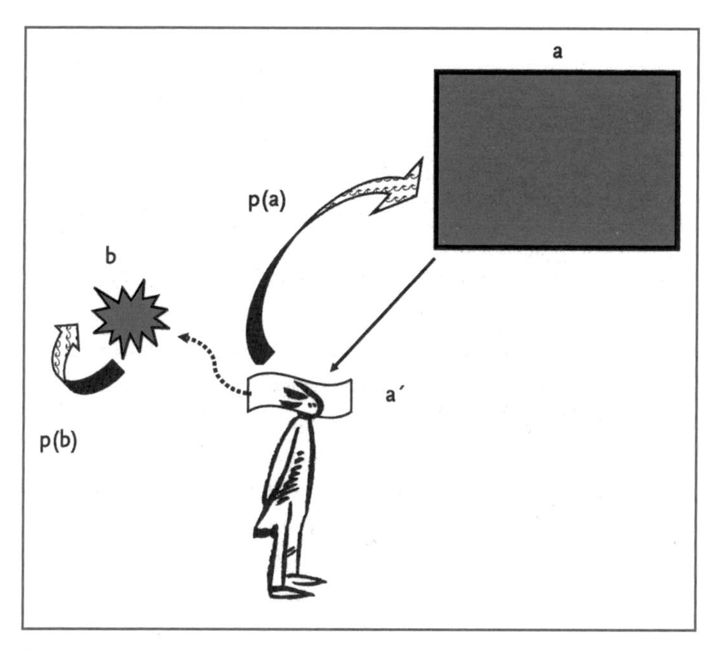

7

도록 고안된 것은 아니다. 하지만 이것은 특정한 자극에 대한 S의 반응인 만큼, 자극에 대해 잠재적으로 풍부한 정보를 담고 있는데, 물리적인 사건으로서 그 자극이 어떤 것인가에 대한 정보뿐만 아니라, 주체가 그것에 대해서 어떻게 느끼게 되는가에 대한 정보도 포함한다. 이 정보에 대한 S의 판독, 즉 p(b)는 여러 가지 용도(우리는 이 중 몇 가지에 대해 나중에 다시 이야기해볼 것이다)로 쓰일 수 있지만, 세상을 지각하기 위한 원재료로는 사용되지 않는다. 지각은 그것만의 별도의 소통경로 p(a)를 가지고 있어서 자극과

8

함께 별도로 시작된다.

난 여기에 몇 가지 일련의 표식들을 해놓았는데, 이에 대해서는 나중에 설명하고 정당함을 증명하게 될 것이다. 하지만 그 전에 이에 대한 비유로서 다음은 어떻겠는가?[그림8] 집배원이 당신 집에 도착해서 초인종을 누르면, 현관에 있는 벨이 울린다. 현관 벨이 울리면 거실에 있는 개가 짖는다. 개가 짖는 것은 그 벨에 대한 가치평가 반응으로서, 당신은 개가 짖는 것을 그 벨에 대한 정

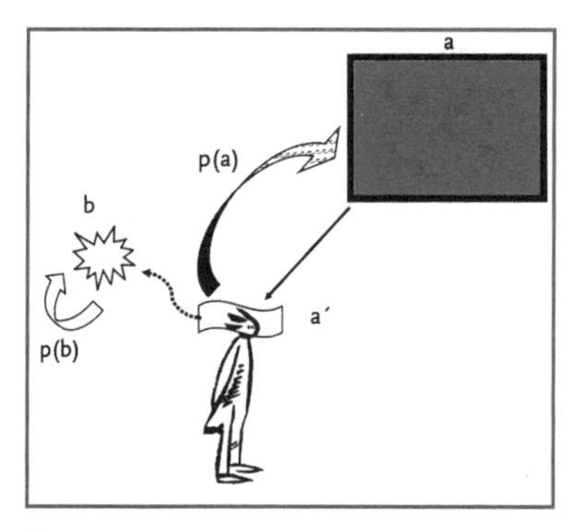

9

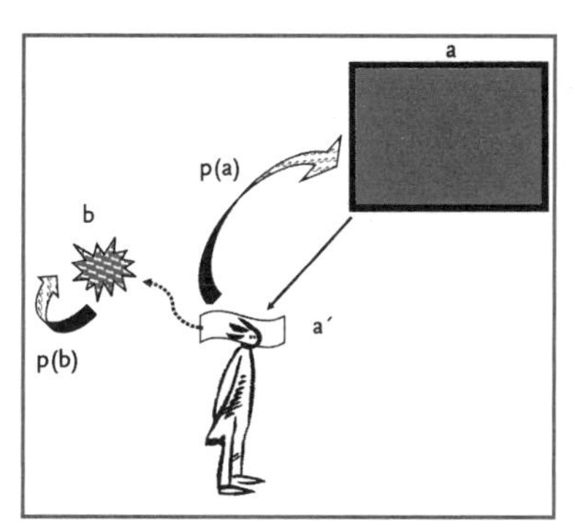

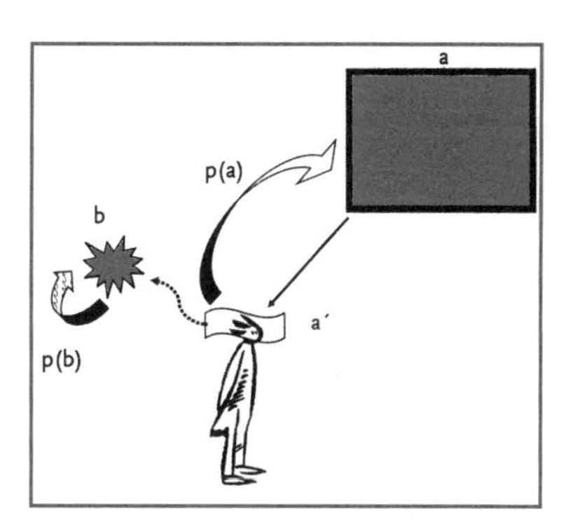

보로, 또 당신 개가 그에 대해 어떻게 느끼는가라는 정보로 판독할 수 있다. 하지만 당신은 그 벨을 직접 듣기도 하며, 집배원이 현관문에 있다는 것을 깨닫지 않는가!

이론적인 견지에서 보자면, 이것은 당신이 짖는 개를 통해서 집배원에 대해 알게 되는 경우일 수도 있다는 점에 주목하라. 하지만 우리는 가령 "짖는 소리가 없는 메일", 즉 개가 없을 때에도 당신이 현관문에 집배원이 있다고 상상할 수 있는 경우가 있다는 것을 알고 있으므로 이 가능성을 제거할 수도 있다. 또는 "변형메일"의 경우도 있을 수 있는데, 개가 짖는 대신에 울부짖지만, 당신은 여전히 벨 소리가 갖는 메시지를 똑같이 판독하는 경우 말이다.

나는 너무 멀리까지 그 비유를 끌고 가진 않겠다. 논점은 이것이다. 이런 비유 전략을 통해서 신비스러워보였을지도 모를 다수의 증후군들이 어떻게 국부적 손상을 통해 일어날 수 있는지 볼 수 있게 된다.

[그림9]의 상단은 맹시의 경우로서, b가 파괴되고 그에 따라 p(b)가 파괴되었지만, p(a)는 온전한 경우를 보여준다. [그림9]의 중단은 변시증의 경우로서 b와 p(b)가 말썽을 부리긴 하지만 p(a)는 여전히 온전한 경우이다. [그림9]의 하단은 아직 논의하지 않았지만 시각적 인지불능증(visual agnosia)의 경우로, p(a)가 고장났지만, b와 p(b)는 여전히 정상적으로 기능하고 있는 경우이다. 예를 들자면, 환자가 색 감각이 전혀 손상되지 않았다고 말하는데도 불구하고, 외부 물체의 색깔이 무엇인지를 더 이상 이야기할 수 없는 경우이다.[39]

게다가 이 모형을 적용할 수 있는 또 한 가지 부류의 현상들이 있는데, 이것은 바로 감각치환(sensory substitution)에 대한 새로운 실험 결과에서 찾아볼 수 있다. 한 가지 종류의 감각 입력을 다른 것으로 치환할 수 있다는 가능성에 대한 연구는 1960년대 후반, 폴 바크 이 리타(Paul Bach y Rita)에 의해 시작되었다.[40] 바크 이 리타는 머리 위에 올려놓은 텔레비전카메라에서 온 이미지를 몸통 쪽 피부에 접하여 편평하게 배열된 기계적 진동기를 통해 촉각 진동으로 전환하는 장치를 피험자가 착용하도록 했다. 이 장치를 입고 있는 피험자들은 별다른 연습이 없이도 그 감각적 정보를 사용해서 공간상의 물체에 대해 정확한 시각적 판단을 하도록 배울 수 있었다. 그는 이 현상을 "피부 시각(skin vision)"이라 불렀으며, 그는 자신의 피험자들이 제한된 종류의 시각적 지각을 획득하고 있다고 주장하는 데에 한 치의 주저함도 없었다.

하지만 피험자들의 감각은 어떨까? 이 피험자들이 갖게 될 현상적 경험은 어떤 종류일까? 내 모형에 따르면 감각이란 엄밀한 의미에서 감각 자극에 대한 반응이며, 그것의 특질, 특히 그 양식이 지각적 소통 경로에서 일어나는 일에 영향을 받는다고 볼 만한 아무런 이유도 없다([그림10]을 보라). 따라서 심지어 피험자가 장면 a로부터 오는 촉각 자극 a´을 시각적 지각물 p(a)로 판독할 수 있다고 하더라도, 그 피험자는 여전히 자신이 만들어내는 감각 t를 촉각인 p(t)로 경험해야 한다.

그러나 다른 이론가들은 여기에 동의하지 않는다. 예컨대 케빈 오레건(Kevin O'Regan), 에릭 마인(Erik Myin)과 알바 뇌에(Alva

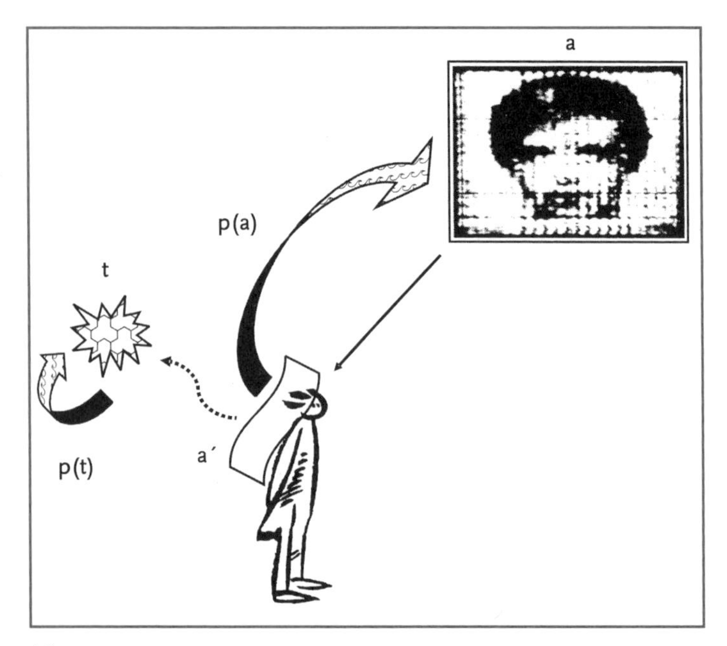

10

Nöe)는 최근 논문에서 거침없이 다음과 같이 말했다. "감각 양식의 특질은 특정한 감각 입력 경로로부터 비롯되는 것이 아니다. (……) 따라서 청각이나 촉각 입력을 통해서도 시각적 경험을 획득할 수 있게 된다."[41]라고 말이다.

물론 우리는 피험자들이 실제로 뭐라고 이야기하는지 들어봐야 한다. 불행히도 바크 이 리타는 자신의 피험자들로부터 자기성찰적인 이야기를 거의 수집하지 않았다. 그의 책 『감각치환(*Sensory Substitution*)』에서 바크 이 리타는 "심지어 과제를 수행

11

하고 있는 동안에도 (……) 촉각적인 감각에 집중하라고 요구하면 피험자는 순전히 촉각적인 감각을 인지할 수 있다."[42]라고 적고 있다. 하지만 그 외에 바크 이 리타는 경험의 특질에 대한 질문에 답하지 않은 채로 남겨두고 있다.

하지만 이런 중요한 논쟁점에 대해서라면 우리는 보다 최근에 이루어진 청각적 시각에 대한 연구로 관심을 돌려볼 수 있겠다. 나는 2장에서 보이스 장치를 이용한 페테르 메이어르(Peter Meijer)의 연구를 짧게 언급한 바 있다. 이 장치는 텔레비전 카메라가 전경을 "소리풍경"으로 전환해서 피험자가 헤드폰을 통해 들을 수 있게 해준다[그림11].[43] 구체적으로는 시각 센서가 장면을 수평으로 훑어서 변조된 소리를 만들어내는데, 밝은 부위는 큰 소리가 나고, 공간적으로 높은 부위는 고음으로 소리가 난다. 촉각치환의 경우와 마찬가지로 피험자들은 이런 청각장치로 시각적 판단을 하는 것에 금방 익숙해진다.

메이어르 자신은 다음과 같이 질문한다. "그것은 시각일까? 시각일 수 있을까?"[44] 그가 그것을 시각일 수 있다고 생각하는 것만은 분명하다. 메이어르는 "여기서 우리의 가정은 이것이다. 뇌는 궁극적으로 정보의 운반자(여기서는 소리)에 관심이 있는 것이 아니라, 오직 정보의 '내용'에 관심이 있다."[45]라고 말한다. 다시 말해서 메이어르는 청각적 시각이 정상적인 시각과 질적으로 동등하지 않을 이론적인 이유란 전혀 없다고 보는 것이다. 그렇다고 해도 메이어르는 자신의 연구 증거를 통해 이것을 확증한다고까지 나아가진 않았다.

그러나 오레건, 마인과 뇌에는 그렇게 조심스럽지 않았다. 그들은 "예를 들어 시각을 청각으로 치환하는 장치를 부착하고 있는 한 여성은 명쾌하게 자신이 이 장비를 통해 보고 있다고 묘사한다."[46]라고 적었다. 하지만 정말 그럴까? 메이어르는 자신의 피험자들로부터 자기성찰적인 이야기를 수집했으며, 그 피험자들의 답변은 양면적인 것으로 드러난다. 허세라는 기미가 농후하긴 했지만, 한두 명의 피험자들은 실제로 적절한 시각과 같다고 주저하지 않고 말하기도 한다. 그러나 보통의 경우 피험자들은 복잡한 이중적인 경험을 갖는다고 이야기하는데, 바로 우리가 제시한 새로운 모형으로 예측할 수 있는 그대로다. 피험자들은 바라보고(look), 들으며(hear), 보게(see) 된다.

피험자들이 어떻게 묘사하는지 몇 가지 예를 들면 다음과 같다.[47]

> 난 눈이 멀게 된 이래 처음으로 지금 내 아내를 바라보고 있다. 내 아내는 일종의 물렁물렁한 소리를 낸다.

> 보이스 장치를 써서 나는 사람들이 이메일로 보내준 사진을 볼 수 있고, 챙에 달린 웹 카메라로 내 주변을 볼 수 있다. 모든 것들이 독특한 소리를 내는데, 일단 그 원리를 알게 되면 뭘 보고 있는지 알 수 있게 된다.

> 물론 소리풍경은 소리지만, 내 마음엔 상이한 종류의 입력을 만들어낸다. (……) 구별되는 두 가지 영역의 의식이 있다. 소리가 내 마음에 두 가지 상이한 종류의 입력이 된다는 말이 이상하게 들릴지 모르겠다. 설명할 수는 없다. 다만 그것이 참이라는 것을 자각하고 있을 뿐이다.

이 마지막 피험자는 [그의 경험을] 설명하기 어려워했다. 하지만 만일 우리의 모형이 정확하다면, 그녀가 표현한 것처럼 소리가 "내 마음에 두 가지 상이한 종류의 입력을 만들어낸다."라는 말이

별반 이상할 것도 없다. 실제로는 빛도 마음에 두 가지 상이한 종류의 입력—시각적 감각과 지각—을 만들어내지만 그저 우리가 둘 다 "보기"라고 부를 뿐이다. 비록 그녀가 깨닫지 못했을지는 모르지만, 소리도 정상적인 경우에 두 가지 상이한 종류의 입력—청각적 감각과 지각—을 만들어내고 그저 우리가 둘 다 "듣기"라고 부를 뿐이다.

이제 우리가 앞으로 나아갈 준비가 되었다고 말하고 싶다. 감각과 지각이 서로 독립적인 정신적 과정이라는 모형을 통해 꽤 많은 신비로운 현상들이 제자리를 찾게 된다. 계속 논의해감에 따라 감각이 무엇이고 무엇이 아닌지를 알게 되면서, 의식에 대해 올바른 질문을 할 수 있도록 만들어줄 지도를 갖게 되며, 그렇지 않은 경우 길을 잃고 헤매게 될 것이라고 주장해야겠다.

하지만 내가 이 모형을 벌써 15년째 주장하고 있지만, 내 동료들 대부분은 설득되지 않은 채로 남아있다는 것을 인정해야겠다. 철학자인 대니얼 데닛은 친절하게도 다음과 같이 말해줬다. "험프리는 시각적 감각과 시각적 지각 사이에 그가 한 것과 같은 구별이 이루어져야 함을 내게 확신시켜 주었다."[48]라고. 하지만 적어도 중량급의 철학자나 심리학자들 사이에서 그 이상의 지지를 얻고 있는 척할 수는 없겠다.

따라서 나는 이 모형이 갖고 있는 두 가지 문제를 논하려고 하는데, 어째서 다른 학자들이 저항하고 있는지 이해하는 데 도움이 될 것이다.

첫 번째는 이것이다. 만일 감각이 지각에 관여하지 않는다면 어째서 우리는 관여한다고 생각하는가? 나도 동의해야할 테지만, 우리는 확실히 감각이 지각에 관여한다고 생각하는데, 현재 우리 앞에 놓여 있는 이 빨간 감각은 부차적인 일과는 거리가 멀고, 스크린에 귀속되거나 심지어 스크린에 위치하고 있는 것이라고 생각한다. 확실히 우리는 그것을 우리가 만들어낸 어떤 것이라고 생각하거나, 우리 눈에 도달한 빛에 개인적으로 상호작용한 것이라고 생각하지는 않는다.

비록 데닛이 (부분적으로) 나를 지지해주긴 하지만, 다른 일단의 철학자들은 가혹하리만큼 비판적이었음을 인정하지 않을 수 없다. 콜린 맥긴(Colin McGinn)은 내 입장을 비판하면서, "일상적인 시각 경험에서, 내 망막이 물리적으로 어떻게 자극되는가가 사물이 내게 어떻게 보이는가의 일부를 이룬다는 주장은 확실히 틀린 것이다. 내가 망막의 경험을 가진 것은 아니다."[49]라고 썼다. 로버트 반 걸릭(Robert Van Gulick)은 빨간 청량음료 캔을 바라볼 때, 그 현상적인 색깔을 "탁자 위에 놓인 캔의 특징"으로 경험하는 것이지, "자기 스스로와 관계된 어떤 것"[50]으로 경험하는 것은 아닌 것으로 보인다고 항변한다. 게다가 발레리 하드캐슬(Valerie Hardcastle)은 대담하게도 "우리는 우리 시야의 일부에 대해 빨갛게 느끼지는 않는다. (……) 우리는 우리의 시각적 감각을 내 외부에 있는 어떤 것으로 투사한다."[51]라고 말한다.

이 비평가들은 우리의 눈(eyes)이 보는 눈(seeing eyes)을 위한 것은 아니라고 항의하는 것이다. 코가 냄새 맡는 코가 아닌 것처럼

"당근 냄새를 맡을 수 있니?"

12

말이다. 카툰[그림12][52] 속의 당근 코를 가진 눈사람이 옆의 눈사람에게 "당근 냄새를 맡을 수 있니?"라고 묻는다. 이 카툰은 심각한 논점을 강조하고 있다.

내 생각에 이 논점은 내 모형에서 한 가지 심각한 문제인데, 사실 [이 문제가] 너무 심각해서 때때로 나 스스로도 그 논점이 치명적이지 않을 수 있는지 알아보고 싶었다. 어떻게 사람들이 실제로 경험한다고 이야기하는 것과 명백하게 상충되는 것으로 보이는 감각이론을 내놓을 수 있겠는가?

오래 전에 토머스 리드가 부분적으로 답변을 한 바 있다. 리드는 감각과 지각 사이의 혼동은 [둘을] 반복해서 연관 짓는 데서 비롯된 불가피한 결말에 불과하다고 주장했는데, "지각과 이에 상응하는 감각은 동시에 만들어진다. 우리 경험으로는 결코 그 둘이 떨어져 있는 경우를 보지 못한다. 따라서 우리는 그 둘을 하나라고 여기게 되고, 그 둘에 하나의 이름을 붙이게 되며, 그 둘의 서로 다른 속성들을 혼동하게 된다."[53]라고 말이다. 하지만 나는 리드의 주장은 감각이 지각된 대상이 존재하는 저 바깥에 귀속된다고 보는 착각—그것을 착각이라고 가정한다면—을 설명하기에는 충분하지 못하다는 것을 가장 먼저 인정할 것이다. 따라서 나는 신경심리학자 라마찬드란(V. S. Ramachandran)의 최근 발견, 정확하게는 감각의 위치가 착각되는 방법에 대한 발견[54]을 듣고 다소 안도하게 되었다.

아르멜과 라마찬드란의 실험([그림13], 위쪽)에서는 피험자인 S가 탁자에 앉아 있는데, 자신의 진짜 손은 칸막이 P에 의해 안 보이도록 숨기고, 대신에 가짜 고무손인 FH가 자신의 앞에 아주 잘 보이도록 놓여 있다. 실험자 E는 피험자 S의 진짜 손과 가짜 고무손을 동시에 건드리거나 두드리게 된다. 그렇게 하면 피험자는 그 자극과 상응하는 촉각 감각이 고무손에 위치하는 것으로 느낀다고 말한다.

하지만 중요한 것은 지금부터다. 만일 고무손이 보이지 않고 실험자가 진짜 손과 탁자에 있는 한 지점을 동시에 건드리거나 두드리면([그림13], 아래쪽), 피험자는 이제 그 감각이 탁자에 있는

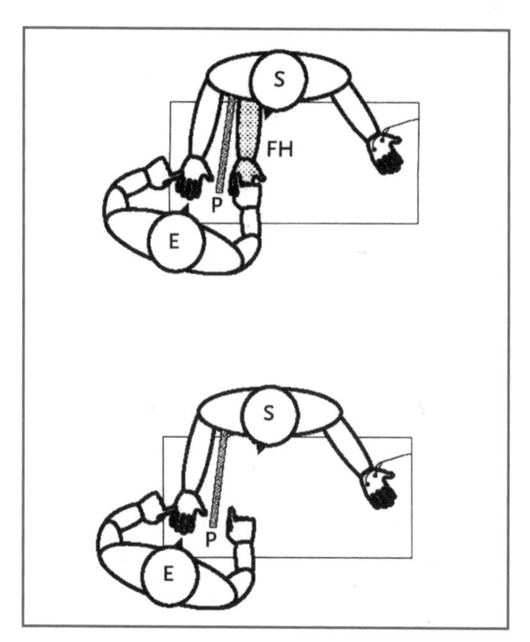

13

그 지점에 있는 것으로 느껴진다고 말한다. 게다가 끈적거리는 석고 조각을 실제 손과 탁자의 그 지점에 모두 붙여놓았다가 탁자 위의 석고 조각만 갑자기 떼어내면 피험자는 통증을 느낀다고 이야기하며, 피부 전도도로 측정할 때 정서적인 변화를 나타낸다.

이 현상은 예기치 못한 것이었다고 말해야만 하겠다. 하지만 이제 우리가 그런 일이 벌어진다는 것을 알게 되었으니, 어째서 그런 일이 벌어질 것으로 예상할 수 있었는지 파악하기 쉽다고 생각한다. 이것은 철학자들이 "최선의 설명으로의 추론"이라고 부르는 것을 피험자가 만들어내고 있는 분명한 경우에 해당할 것이다. 만일 한 피험자가 특정한 촉각적 감각의 패턴을 느끼면서 이와 밀접한 상관관계를 갖는 두드림의 패턴을 보게 되면, 그로서는 그것이 둘이라기보다는 하나의 사건이며 그 촉각 감각은 그 두드림이 일어나는 것으로 보이는 곳에 위치한다고 결론을 내리는 것이 완벽하게 합리적일 것임이 분명하다.

그렇다면 빨간 스크린을 바라보면서 빨간 감각을 갖고 있는 사람의 경우는 어떨까? 만일 S가 자신의 눈을 움직임에 따라 감각의 특정한 시공간적 패턴을 느끼면서 이와 밀접한 상관관계를 갖는 외부 세계의 적색 물체를 지각하게 된다면 마찬가지로 S는 그 감각이 실제로 외부 세계에 있는 그 물체에 위치한다고 결론짓는 것이 합리적이고 타당할 것임에 틀림없다.[55] 이것이 바로 그렇지 않고서는 내 모형의 주요한 문제로 남아있었을지도 모를 논점에 대해 내가 제시할 수 있는 가장 깔끔한 해결책이다.

그러면 이제 [내 모형이] 다른 이론가들에게 확신을 주지 못하는 두 번째이자 매우 상이한 이유로 관심을 돌려보자. 이 이론가들은 감각이 명백히 쓸모없어 보인다는 것에 문제를 제기한다. 만일 내가 제시한대로 감각이 직접적으로 지각에 관여하는 것이 아니라면 도대체 감각은 무엇에 관여하는가? 감각의 중요성은 무엇인가?

앞에서 나는 종국엔 나 자신이 어째서 우리가 세상을 지금 경험하는 것처럼 경험하는지를 설명해줄 진화 이론을 마련할 수 있게 되기를 바란다고 선언했다. 하지만 그러면서도 감각을 옆길로 치부하는 모형을 제시하다니 대체 내가 뭘 하고 있는 것일까? 앞에서 나는 "여기서 우리의 가정은 이것이다. 뇌는 궁극적으로 정보의 운반자에 관심이 있는 것이 아니라, 오직 정보의 '내용'에 관심이 있다."라는 메이어르의 말을 인용했다. 하지만 만일 뇌가—아니 오히려 그 뇌를 소유한 사람이—정보의 운반자인 감각 자극에 관심이 있는 것이 아니라면, 어째서 이 사람의 뇌는 그 자극을 표상하는 부가적인 일을 하는 수고를 마다하지 않는 것일까?

말하자면, 사람들은 그렇게 하는 뇌를 갖도록 진화했다. 그런 역량을 자연선택을 통해 고안하여 갖게 되었다고 가정해도 정당하다. 따라서 감각에 관심을 갖게 되는 타당한 기능적 이유가 실제로 있어야만 한다. 하지만 대체 그게 뭘까?

이 책의 뒷부분에서 명백해지겠지만, 나는 어째서 우리가 지금 이대로의 모습으로 진화했는지 설명해주는 사변적인 진화 이야기를 내놓는 것에 반대하지 않는다. 하지만 만에 하나 가능하다면, 당연히 보다 신뢰할 만한 진로를 밟아가며 생물학적으로 적응된 체계의 기능에 대한 이해에 이르고 싶은데, 그것은 그 체계가 무능력하게 되었을 때 적응과 관련하여 어떤 오류가 나타나는지를 살펴보는 것이다.

공작새 꼬리의 기능이 무엇인지 알고 싶다면 우리는 꼬리 깃털을 잘라버렸을 때에 무슨 일이 벌어지는지 살펴볼 수 있다. 소의 위 두 개가 가지고 있는 기능을 알고 싶다면 첫 번째 위장을 우회했을 때 어떤 일이 벌어지는지 살펴볼 수 있다. 마찬가지로 감각의 경우라면, 감각이 변질되거나 제거된 다양한 상태에서 무슨 일이 벌어지는지 살펴볼 수 있다.

확실히 맹시는 중요한 검증 사례가 될 것임에 틀림없다. 뇌 손상에 의해 시각적 감각을 할 수 있는 능력이 제거되었을 때 어떤 기능적 결손이 나타나는가? 앞에서 이미 맹시인 사람이 무엇을 할 수 있는지에 대해 이야기했으니까, 이제 맹시인 사람이 무엇을 할 수 없는지 질문해보자.

맹시는 예기치 못한 주목할 만한 능력이다. 그럼에도 불구하고 맹시는 여러 가지 결정적인 방식에서 정상적인 시력에 미치지 못한다는 것을 인식해야 한다. 게다가 꽤 흥미롭게도 결손된 것에는 공통분모가 있는 것으로 보인다. 즉, 감각 없이 보는 주체는 어떤 방식으로든 더 이상 자신의 보기가 "자신과 관계된" 것이라고 느끼지 못한다. 물론 그것은 본질적으로 창조적이며 개인적이기도 한 "자신과 관계되어" 있는 경험의 구성요소를 제거했을 때 나타나리라 예상할 수 있는 결과 그대로다.

따라서 맹시의 경우,[56]

· 그 주체는 자신이 그것을 할 수 있다는 것을 알지 못한다.

우선 일반적으로 그 주체는 자신이 시야의 손상된 부위에서 볼 수 있다는 것을 전면 부정하게 된다. 자신이 바라보는 것이 무엇일지 추측해보라고 설득해야만 하며, 그 경우에도 그는 자신이 추측한 것은 임의로 추측하는 것 이상일 리가 없다고 생각한다. 따라서 그 주체가 자발적으로 자신의 맹시를 활용하지 않는다는 것은 놀랍지 않다. 게다가 오랫동안 연습하고 자신의 능력이 확증된 후에도 여전히 확신을 결여하고 있다. 맹시는 그에게 귀속되지 않는 것처럼 보인다.

· 그 주체는 자신이 어떻게 그것을 했는지 알지 못한다.

그 주체는 자기 자신의 능력을 스스로에게 설명할 수가 없다. 자신과 관계된 한, 자신이 볼 수 있어야 하는 이유를 찾지 못한다. 맹시는 눈으로 보는 경우처럼, 다시 말해 시각처럼 느껴지지는 않는다. 대신에 그 주체는 그 경험이 어떠한 감각양식도 가지고 있지 않다고 말하기도 한다. 그 주체는 맹시가 비합리적이라고 생각한다.

· 그 주체는 그것을 하는 걸 상상하지 못한다.

그 주체는 보이지 않는 시야에서 본다는 것이 어떤 것인지 그려낼 수 없다. 게다가 자신이 "맹시로" 보게 된 어떤 것도 쉽게 기억하지 못한다.[57] "맹시인 주체들은 모두 자신이 다른 양식으로는 반응할 수 있었던 물체에 대해 생각해보거나 그려내는 능력을 결여하고 있다."[58] 우선은 자기 자신이 그렇게 했다는 것을 느끼지 못하기 때문에 그것을 재창조해낼 수 없는 것으로 보인다.

· 그 주체는 보기의 상황이 다른 누군가에게 있다고 생각하는 기초로서 자신의 경험을 사용할 수가 없다.

적어도 난 그렇게 여긴다. 이것을 확증하기 위해서는 태어날 때부터 맹시 이외에는 아무것도 없었던 사람의 사례가 필요하겠지만, 만일 그 주체가 자기 자신의 경우에조차 그것을 이해하지 않고 상상할 수도 없다면, 다른 사람을 이해하기 위해 그 개념을 사용하려들진 않을 것이다.[59] 맹시는 감정이입이나 시뮬레이션을 통한 마음읽기의 기초를 제공해주진 않는 것으로 보인다.

· 그 주체는 상관하지 않는다.

맹시인 환자들은 자신의 놀라운 능력에 대해 전혀 흥분하는 법이 없다. 예를 들어 이 환자들은 보이지 않는 시야에서도 색깔을 지각할 수 있지만, 그런 능력이 자신에게 어떤 가치를 갖는지에 대해 결코 이야기하지 않는다. 감각이 없는 시각인 맹시는 정서가 없는 시각인 것으로 보인다.

마지막 논점은 매우 안타까우며 잠재적으로 중요하기에 나는 이것을 다소 상이한 사례와 연결 짓고 싶다. 난 나의 원숭이 헬렌이 다른 정상적인 원숭이들처럼 색깔이 있는 빛에 대해 정서적인 반응을 보여줄 수 있는지—지금 생각해보면 그랬어야 했는데—조사해보지 못했다. 하지만 나는 한 가지 인간 사례[60]로부터 꽤나 시사적인 정보를 얻을 수 있었다.

27세 여성인 H.D.는 백내장 수술을 받기 위해 1972년 이란에서 런던으로 건너왔다. 그녀는 세 살 적부터 앞이 보이지 않았다. 그녀를 수술한 외과의사는 그녀가 정상적으로 다시 앞을 보게 될 가능성이 꽤나 높다고 전망했다. 하지만 수술 후 몇 달이 지나 내가 그녀를 소개받았을 때 난 그녀가 크나큰 절망의 상태에 놓여 있음을 알게 되었다. 그녀는 수술이 완전한 실패라고 확신하고 있었다. 그녀의 시각이 이전과 다름없는 것처럼 보였던 것이다.

안타깝게도 아주 그럴듯한 설명이 있었다. 뇌의 시각피질이 눈으로부터 입력을 받아가며 "훈련되지" 않으면 시각피질에 퇴행적인 변화가 일어날 수 있다. H.D.의 시각피질은 아주 어릴 적부터 사용되지 않았고, 더 이상 적절하게 기능하지 못할 가능성이 실제로 있었다. 만일 그렇다면 H.D.는 사실상 시각피질이 완전히 손상된 원숭이 헬렌과 같은 경우라고 볼 수도 있으리라. 내가 헬렌을 처음 보았을 때도 헬렌 자신은 앞을 보지 못한다고 확신하고 있었다.

하지만 이것이 내겐 H.D.에게서 긍정적인 측면을 볼 만한 이유가 되었다. 만일 H.D.의 경우가 헬렌과 어떤 식으로든 비슷한 것이라면, 아마도 모든 것을 잃은 것은 아니리라. 나와 내 동료들의 생각으로는, 아마도 헬렌처럼 그녀도 보는 법을 배울 수 있을지도 몰랐다. (이것은 인간의 맹시가 발견되기 수년 전의 일이다.)

난 그녀와 몇 가지 비슷한 일들을 시도해보기로 했다. 난 그녀를 데리고 나가 런던의 광경을 "보도록" 했다. 난 그녀의 손을 잡고 그녀 앞에 무엇이 놓여 있는지 묘사해주면서 거리와 공원을 거닐었다. 나뿐만 아니라 그녀에게도 금세 분명해진 것은 그녀가 실제로는 이제까지 자각하지 못하고 있던 시각능력을 가지고 있다는 것이었다. 그녀는 광장에 있는 비둘기를 가리킬 수 있었으며, 꽃에 손을 뻗어 만져볼 수 있었고, 둔덕이 있을 때 딛고 올라설 수 있었다.

결국 그 수술이 전면적인 실패는 아닌 것으로 보였다. H.D.의 눈과 뇌는 적어도 어느 정도는 다시 작동했다. 하지만 이것이 정말 H.D. 자신이 바라던 그런 것이었을까? 아니, 실제로는 오히려 정신적인 외상을 초래하는 것이었다. 그녀가 알려준 끔찍한 사실은 마치 맹시의 경우와 마찬가지로(실제로 H.D.의 경우가 맹시의 한 종류였을 수도 있는데) 그녀의 시각은 여전히 아무런 질적인 깊이를 갖지 못했다는 것이었다. 그녀는 20년 동안 만일 자신이 다른 사람들처럼 볼 수 있다면 얼마나 신기할까 생각하며 살았다. 그녀는 시각의 경이로움에 대한 수많은 설명, 이야기와 시 들을 들으며 자랐다. 하지만 그녀의 현재 상태를 보면, 그녀의 꿈이 부분적으로 실현되었음에도 불구하고 자신은 여전히 그것을 느낄 수가 없었다.

내가 과학 연구보고 논문에 적었듯이, "그녀에게 '보기'는 보상을 주는 활동과는 거리가 멀었고, 오히려 짜증스러운 의무가 되어버렸으며, 그녀는 곧 보는 것에 흥미를 잃어버렸다."[61] H.D.는 극도로 절망했으며, 거의 자살 직전까지 갔다. 마침내 그녀는 큰 용기를 내어 자신의 상황에 대한 통제를 철회하고, 자신의 검은 안

경을 다시 쓰고, 자신의 흰색 지팡이를 다시 짚고, 보통의 시각장애인과 같은 이전의 상태로 되돌아갔다.

한 가지 사례에 너무 많은 비중을 두어선 안 된다고 생각한다. 하지만 여기서 나는 H.D.가 다른 맹시의 사례들에서 본 것처럼 자신의 시각이 상대적으로 쓸모없다고 생각하게 된 이유는 그녀가 자아를 의미 있게 확장하는 방식으로 시각을 경험하지 못했기 때문이라고 감히 말하겠다.

따라서 감각이 없는 경우,

- 그 주체는 자기 자신의 자아가 줄어들었다고 생각한다.

돌이켜보면 우리의 질문은 이것이었다. 감각이 직접적으로 지각에 관여하는 것이 아니라면 감각은 무엇에 관여하는가? 감각은 왜 중요한가?

맹시에 대한 분석으로 다수의 답변이 명백해졌다. 감각이 하는 일이란, 주체가 외부세계와 사적으로 상호작용하는 것을 추적하는 것으로, 각자에게 자신이 존재하며 관계 맺고 있다는 감응을 만들어내며, 지금 이 순간의 경험에 현장감, 현재감, 그리고 나됨을 부여한다.

이것이 전부는 아닐 것이다. 나중에 우리는 감각의 용도가 훨씬 확장되는 것을 살펴보게 될 것이다. 하지만 이미 분명해진 것은 감각이 부차적인 일이라고 보는 우리의 모형이 감각을 사랑받지 못하는 쓸모없는 것으로 내버려두진 않을까 걱정할 필요는 없다

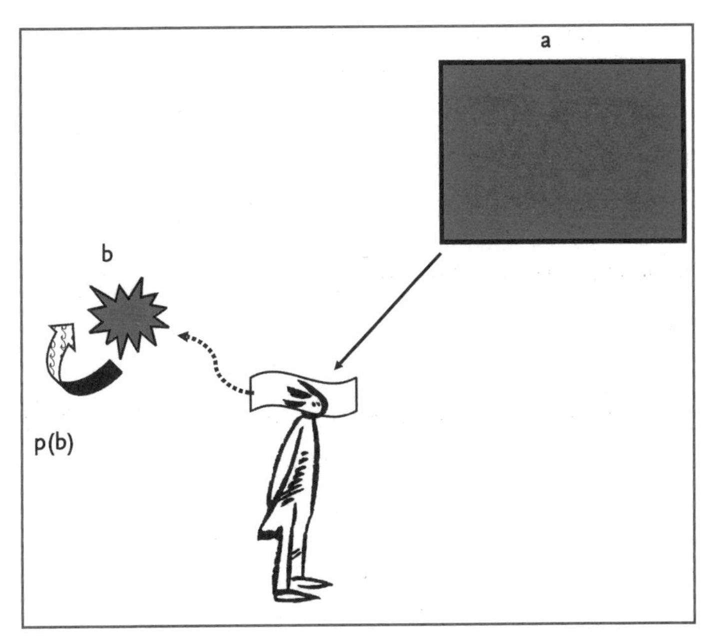

14

는 것이다. 이제 빨간 스크린을 바라보고 있는 S에게로 돌아가 보자[그림14]. 만일 사실 b로 표시한 레딩이라는 감각이 사실이 아니라면, 만일 S가 감각을 만들어낼 수 없다면—그래서 감각을 알아차리고, 감각에 주목하고, 감각을 상상하고, 감각에 책임을 지고, 감각에 속성을 부여하고, 감각을 즐길 수 없다면—그는 실패자가 되리라.

우리의 모형에 대해 제기된 문제들을 제거했으니 이젠 좀 더 확신을 가지고 이 모형이 의식에는 어떤 의미인지로 나아갈 수 있겠다. 포더의 다음 지적을 상기하라. “(의식이 무엇으로 이루어졌는지는 논외로 하더라도) 의식이 무엇이며, 어떤 일을 하고, 어떻게 그 일을 하게 되는지에 대해 조금이나마 아는 사람조차 없다.”라는 지적 말이다. 우리는 아직 최종 답변에 도달하지 못했다. 하지만 주체가 의식하게 되는 것이 감각을 갖는 데서 비롯된다고 보는 출발점을 받아들이게 되면, 우리가 두 가지 전선에서 진전을 이루고 있다고 주장할 수 있겠다. 이런 부차적인 일을 창조해내는 것이 바로 감각을 가졌다는 것의 정체성이라면 우리는 의식의 정체성을 이해하는 한 걸음을 내디딘 것이다. 게다가 우리가 파악해낸 중차대한 “부수효과들”이 바로 감각의 존재 이유 중 일부라면, 우리는 의식의 존재 이유를 이해하는 첫걸음을 내디딘 것이다.

물론 우리는 과도한 확신을 갖지 않도록 조심해야 한다. 우리는 앞서 언급한 건전성 경고를 잊지 말아야 한다. “감각이 의식의 운반체이자 그 행사라 하더라도, 의식적 감각이 무엇인지를 발견한다고 해서 그 일을 하고 있는 바로 그것의 결정적인 특징들을 반드시 드러내지는 않는다.”라는 경고 말이다. 예를 들어, 의식적인 감각이 xyz라 하더라도, xyz에 대해 아직까지 우리가 구체적으로 명시하지 못한 그 어떤 것이 바로 그 감각을 의식적으로 만든 그것일 수도 있다는 얘기다.

같은 이유로 여기 또 다른 경고가 있다. “의식적 감각이 무엇을 위해 존재하는지 찾아낸다 해도, 그 이유는 차치하고도, 그 때문에 의식적 감각이 의식적이어야만 하는지 반드시 드러내진 않는다.”

라는 경고다. 예를 들어 pqr 전체 또는 일부가 의식적인 덕분에 의식적 감각이 행사하는 역할이 아니어도 의식적 감각은 pqr 역할을 할 수 있다는 것이다.

사실, 솔직하게 이실직고해야겠다. 주체를 의식적이게 하는 감각 창출의 결정적인 특질에 우리가 이제까지 손조차 대보지 못했을 뿐 아니라, 우리가 감각의 역할이라고 밝혀낸 것 중 그것을 소유한 주체가 의식적이라는 이유만으로 수행하는 역할이 하나라도 있음을 보여주지 못했다는 것이 꽤나 분명해 보인다고 말이다.

우리는 이제까지 [문제의] 핵심은 자아에 달려있을지도 모른다고 들었다. 하지만 이것이 여전히 입증되지 않았다고 말한다면 축소된 표현일 것이다. 의식이 무엇이며, 무슨 역할을 하는지에 우리가 점점 접근해가고 있다고 믿고 있는 것은 사실이지만, 나는 포더에게 마땅한 경의를 표하며 다음을 인정한다. 우리는 의식이 어떻게 자신의 임무를 수행하고 있는지에 대해 별다른 진전을 못하고 있을 뿐만 아니라, 크고 어려운 질문, 즉 의식은 무엇으로 이루어졌는가에 대해서는 더더욱 그렇다고 말이다. 하지만 우리는 그 길의 여로에 서있다.

4

"의식은 무엇으로 이루어져 있는가?"라는 질문에 대해 우리는 어떤 종류의 답변을 찾고 있는 것일까? 이제까지 계속해서 우리는 의식적 감각이 하나의 사실인 것처럼 이야기해왔다. 의식은 주체의 머릿속에 들어있는 일종의 물리적 활동으로 구성된다. 그리고 이 활동은 자연선택에 의해 고안되었으며, 그것도 생물학적으로 진화한 신경계가 가진 자원 이외에는 다른 어느 것도 사용하지 않는다고 가정할 수 있다.

그렇다면 이 말은 우리가 추구하는 답변이 신경세포 차원의 설명이어야 한다는 의미일까? 분명 대부분의 현대적 연구들이 추구하고 있는 바는 그것이다. 예를 들어 프랜시스 크릭(Francis Crick)과 크리스토프 코흐(Christof Koch)는 최근에 "의식을 위한 틀(A Framework for Consciousness)"이라는 제목의 논문에서 다음과 같이 적었다. "의식에서 가장 어려운 측면은 소위 감각질이라는 '난제'인데, 빨간색의 빨강, 통증의 고통스러움 등과 같은 것이다. 이제까지 그 어느 누구도 어떻게 빨간색의 빨강이 뇌의 작용에서 비롯될 수 있는지, 그 어떤 가능한 답변도 내놓지 못하고 있다. 이 문제를 정면에서 접근하는 것으로는 아무 실효가 없는 것으로 보인다. 대신에 우리는 의식의 신경 상관물(NCC, neural correlates of consciousness)을 찾으려 하는데, 의식의 신경 상관물을 인과관계로 설명할 수 있게 되면 감각질의 문제가 좀 더 분명해질 것이라고 기대해서다."[62]

우리가 찾아야 할 것이 이른바 의식의 신경 상관물이라고 보는 의견은 신경과학자들과 철학자들 사이에서 점차 널리 받아들여지고 있다.[63] 하지만 우리는 여기에 잠재적인 문제들이 있음을 알아차려야 한다.

우선 연구자들이 대개 의식의 신경 상관물이라 부르는 것이 실제로는 의식의 신경적 기초(NBC, neural basis of consciousness), 다시 말해 뇌 안에서 [의식이 작동하기에] 충분하면서도 필요할 법한 일을 의미한다는 것이다. 크릭과 코흐가 이어서 설명하듯 말이다. "뭉뚱그려 말하자면 의식의 신경 상관물이란, 한 가지 의식적 지각의 어떤 구체적인 측면을 불러오게 될 최소한의 신경적 사건의 집합을 말한다."

간단히 말해서 의식과 의식의 신경 상관물 사이에 어떤 동일성이 있다는 의미로 쓰고 있다. 따라서 의식적 감각의 경우(크릭과 코흐는 의식적 "지각"에 대해 말하지만, 여기서 실제로 그들이 말하는 것이 감각이라 여기자.), 우리는 하나의 등식으로 표현할 수 있는데, 여기서 "등호(=)"는 "이 세상에서 다음으로 표현할 수 있는 동일한 사실을 말한다."라는 의미다.

감각경험(experience of sensation)
= 신경활성(neuronal activities)

하지만 두 가지 사실이 같은 사실이 되기 위해서는 두 가지 사실이 상관관계가 있다는 것만으로는 충분하지 않다. 동일성은 필연성을 내포하지만, 상관관계는 가능성만을 내포할 뿐이다. 예를 들어 우리는 링컨이 다만 "미합중국 대통령의 인간 상관물"에 불과했다고 말하지는 않는다.

하지만 어째서 의식의 신경 상관물이 우리가 의식을 설명하기 위해 필요로 하는 것과는 거리가 먼지를 말해주는 또 다른 이유가 있다. 신경 상관물이라는 개념은 우리가 뇌 속에서 무슨 일이 벌어지고 있는지 묘사하고자 하는 다른 모든 방법에 비해 신경적인 사건들에 특혜를 주고 있다. 최근의 정신철학이 이루어낸 (드물지만) 실제적인 성취 중의 하나는 심신방정식을 이해하기 위한 새로운 방법, 즉 기능주의(functionalism)를 주창했다는 데에 있다. 기능주의의 기본 전제는 이렇다. 마음의 상태를 지금의 모습으로 만드는 데 있어 정말로 중요한 것은 그것을 뒷받침하는 물리적인 사건들이라기보다는 이 사건들이 계산기적인 수준에서 기능을 하는 방법, 즉 어떤 특정한 하드웨어를 말하는 것이 아니라 현재 수행되고 있는 논리적 작동이라는 것이다. 그렇다면 우리가 찾아내야 할 것은 의식의 신경 상관물이라기보다는 의식의 기능적 상관물(FCC, functional correlates of consciousness)이 된다.

그래도 여전히 궤변에 가깝다. 넓게 말해서 우리는 크릭과 코흐의 프로젝트를 좋은 프로젝트라고 간주해야 할까?

빨간 스크린을 보는 사례로 되돌아가 보자[그림14]. 앞 장에서 우리는 빨간 감각을 가졌다는 경험은 기능적인 수준에서 뭔가를 하는 것, 다시 말해 우리가 레딩이라 부르기로 한 일을 하는 것이라 믿어야 한다는 주장을 펼쳤다. 즉, 빨강의 경험 = 신경활성 b = 레딩인 것이다.

만에 하나라도 신경과학자들이 빨간빛이 주체의 눈으로 들어오는 순간부터 주체가 신경활성을 창조해내고 거기에 대해 언급할 때까지 무슨 일이 벌어지고 있는지 시냅스 별로, 또는 논리 게이트 별로 묘사할 수 있게 된다면, 이것이 크릭과 코흐가 제안하고 있는 것처럼 "감각질의 문제를 좀 더 분명해지도록" 할까? 어째서 경험이 지금과 같은 정체성을 갖게 되었는지를 분명하게 해줄까?

그렇다. 이것은 문제를 끔찍하게 분명해지도록 한다! 어떻게 그런 종류의 동일성이 참일 수도 있는지에 대한 이해로부터 우리가 얼마나 동떨어져있는지를 분명하게 드러낼 뿐이다. 이제 그 등식에서 무엇이 잘못되었는지가 너무나도 분명해졌을 것이다. 즉, 그 등식의 양변에 있는 용어들의 차원(dimensions)이 서로 맞지 않는다.[64]

나는 "차원"이라는 용어를 특별한 의도를 가지고 사용한다. 우리가 학교에서 물리학을 배울 때에는 등식의 양변에 있는 "물리적 차원"이 똑같아야 한다고 배웠다. 만일 한쪽 변이 부피의 차원이라면 다른 쪽 변도 부피여야지 가령 가속도여서는 안 되며, 만일 한쪽 변이 힘의 차원을 가졌다면 다른 쪽 변도 힘이어야지 운동량이어서는 안 된다. 램지(A. S. Ramsey)가 자신의 고전적인 『동력학(*Dynamics*)』 교과서에서 적었듯이, "차원을 고려하는 것은 동력학 연구에서 유용한 점검사항인데, 왜냐하면 등식의 각 변은 똑같은 물리적 사물을 표상하고 있기 때문에 질량, 공간 및 시간에서 같은 차원을 가져야 하기 때문이다."[65] 이 제약은 매우 엄격한 것이어서 "어떤 경우에는 차원을 고려하는 것만으로도 어떤 질문에 대한 답변의 형태를 결정짓기에 충분하기까지 하다."라고 램지는 적고 있는데, 올바른 형태뿐만 아니라 틀린 형태를 결정짓기에도 그렇다.

만일 이것이 사실이라면 다른 모든 형태의 동일성 등식에 대해서도 확실히 참이다. 유효성을 가질지도 모를 유일한 동일성 상태는 양쪽 변이 같은 개념적 차원을 가져야 하고, 같은 종류의 사물을 표상해야 한다. 속담처럼 표현하자면, 한쪽에 사과를 가지고 있다면 다른 쪽에도 사과를 가져야지 오렌지여서는 안 된다.

따라서 예를 들어 $e = mc^2$ 라는 등식은 하나의 동일성이라 볼 수 있는데, 왜냐하면 에너지가 질량에 속도의 제곱을 곱한 차원을 가지고 있기 때문이다. 반면에 $e = mc^3$ 는 확실히 동일성이 될 수 없다. '100펜스 = 1파운드'라는 등식은 양쪽 변이 모두 돈의 합계이기 때문에 가능할 수 있지만, '100펜스 = 1개월'이라는 등식은 성립되지 않는다.

마찬가지로 이제 우리는 '빨강의 경험 = 레딩'이라는 등식은 경험과 레딩이 개념상 등가라고 볼 수 있을 때에만 가능할 것이라는 사실과 마주해야 한다. 하지만 문제는 사람들이 한쪽에서 감각의 현상학에 대해, 다른 쪽에서 의식의 신경 상관물에 대해 일반적으로 이야기하는 방식으로 볼 때 처음부터 두 용어가 같은 개념적 근사치로 접근하지 않는다는 데에 있다. 철학자인 콜린 맥긴이 다음과 같이 재치 있게 적었듯이 말이다. "[뇌가] [현상적인] 의식을 낳기에는 잘못된 종류의 것이라는 점이 (……) 당신에겐 너무나도 자명하지 않은가. 차라리 숫자는 비스킷에서 나오고, 윤리는 사람들이 모여 웅성거리는 소리에서 나온다고 주장하는 편이 더 낫다."[66]

당신은 내가 감각에 대해 제시한 노선을 따라오면서 내가 양쪽을 서로 가깝게 하기 위한 기반을 마련하고 있다는 것을 분명 알아차리게 되었을 것이다. 하지만 우리가 벌써 최종 목적지에 도달한 척할 수는 없다.

이제 좀 더 구체적으로 생각해볼 때다. 우리는 감각이란 무엇인가에 대해서 까뒤집어보고, 다시 기술하면서 좀 더 자세히 살펴봐야 한다. 생물학적으로 진화한 뇌에서 벌어질 수 있으리라 여겨지는 종류의 일들과 연결될 다리를 놓기 위해서 말이다.

따라서 질문을 다시 해보자. 감각을 갖는다는 것은 무엇과 비슷한가? "감각을 갖는다는 것과 비슷한 것"은 무엇과 비슷한가? 감각과 비슷한 것을 찾으려 노력하는 과정에서 철학자 나티카 뉴턴(Natika Newton)이 예상한 결과보다 우리가 더 나을 것이라 기대해보자. 최근의 논문에서 나티카 뉴턴은 "현상적 의식 그 자체는 독특하다. 여타의 그 어느 것과 어떤 방식으로든 전혀 비슷하지 않다."[67]라고 적었다(강조는 뉴턴이 직접 한 것임). 이 지점에서 그녀가 옳다면 우리는 즉시 포기하는 편이 더 낫다. 하지만 난 그녀가 옳지 않다고 말할 수 있어 기쁘다. 하지만 우리 상황이 제대로 진전되지 않는다면 그녀가 옳을 수도 있다는 점을 부인하진 않겠다.

처음부터 감각에 대한 논의에서 계속 문제가 되었던 한 가지 난관은 규정하기 어려운 구성요소인 요인 X를 정확하게 파악하기 어렵다는 것이다. 이미 몇 번이나 강조할 기회가 있었지만, 예를 들어 S가 레딩을 경험할 때, 그 경험의 주체인 S조차도 "그와 비슷한 것"이 무엇과 같은지를 완벽하게 알지 못하거나, 안다 해도 말로 표현할 수 없다. S가 할 수 있는 제한된 판독, 즉 다른 말로 바꾸어 표현한 명제적 내용은 결코 이야기의 전부가 될 수 없다. 따라서 경험과 비슷한 어떤 것을 찾는 과정에서 진짜 위험은 이것이다. 우리가 성공적으로 찾아낸 그 어떤 것이 모든 면에서 [경험과] 비슷함에도 주체가 말로 표현할 수 없는 한 가지 결정적인 측면만은 빠져 있을 수 있다는 것이다.

그렇다면 우리의 전략은 분명하다. 우리는 할 수 있는 한 최선을 다해야 한다. 우리는 우리가 말로 표현할 수 있는 그런 특성들에 근거해서 감각이란 것이 도대체 어떤 종류의 일인지를 특징지으려고 노력해야 한다. 만에 하나 우리가 그 등식의 뇌 쪽에서 어떤 비견할만한 종류의 일을 찾는 데 성공한다면, 아마도—정말 아마도—그 일이 우리가 표현할 수 없는 심층적 특성을 찾아낼 관건이 될 것이다. 아마 말로 표현할 수 있는 것으로 말로 표현할 수 없는 것을 전달하게 될지도 모른다.

난 이미 우리의 분석이 어떤 식으로 진행될 것인지 거듭해서 암시를 줬다. 예를 들어 S가 빨간 스크린을 바라볼 때, S는 감각을 창조하며, 그 과정에서 감각을 경험하고, 그러고 나서야 무슨 일이 벌어지고 있는지에 대해 부분적인 윤곽을 얻게 된다. 따라서 이런 종류의 일에 대한 비유를 찾아야할 곳은 바로 주체인 S가 창조하고,

창조과정에서 경험하면서, (제한된) 접근이 가능한 여타의 일들에서일 터이다.

나는 [이러한] 요구조건에 들어맞는 범주, 그것도 단 하나의 범주가 있다고 믿는다. 2장에서 우리는 그것에 이름을 붙인 바 있다. 바로 동작(actions)의 범주로서, 주체로서의 S가 직접 통제할 수 있는 우주의 일부분, 즉 스스로의 신체를 이용하여 하는 일들이다. 하지만 보다 구체화시켜 말하자면, 그 비유는 신체활동의 하위 종류에 훨씬 더 가까운데, 바로 표출(expressions)로서, S가 자신의 신체를 이용하여 자신에게 벌어지고 있는 일들에 대해 어떻게 느끼는지를 구체적으로 보여주는 것, 즉 미소 짓기, 소리치기, 눈물 흘리기, 주먹을 부들부들 떨기 등이다.

난 앞서 출간된 저서에서 이에 대해 자세히 기술한 바 있다.[68] 여기서는 감각 경험의 다섯 가지 정의적인 세부특징들에 대해 그 비유가 어떻게 작동하는지 살펴보는 것에 만족하기로 하자. 경험 쪽에서는 자신의 눈에서 빨간 감각을 만들어내는 사람이나 자신의 발가락에서 통증을 느끼는 사람의 예를 들 수 있고, 표출 쪽에서는 자신의 입술로 미소를 짓는 예를 들어 비교할 수 있다.

소유권(ownership). 감각은 항상 주체에 귀속된다. S가 빨간 감각을 경험할 때나, 마찬가지로 통증을 경험할 때에는 S가 그 감각을 소유하는데, 그 감각은 그의 것이지 다른 누구의 것도 아니며, S가 그 감각의 유일무이한 작가(author)이다. 마찬가지로 S가 미소를 지을 때 S는 이 표출의 소유자이자 작가이다.

신체 부위(bodily location). 감각은 항상 색인(index)과 같은

성질을 가지며 주체가 가진 신체의 특정한 부위를 들먹이게 된다. S가 빨간 감각을 느끼는 것은 그의 시야 중의 바로 이 부분이며, S가 통증을 느끼는 것은 자기 발의 바로 이 부분이다. 마찬가지로 S가 입술로 미소를 지을 때 그 미소는 고유하게도 자기 얼굴의 이 부분이 관여한다.

현재성(presentness). 감각은 항상 현재형 시제를 갖게 되며, 현재 진행 중이면서 아직 완료되지 않은 것이다. S가 빨간 감각을 경험하거나 통증을 느낄 때 그 감각은 여기에 지금 당분간 존재하는 것이다. 그 경험은 이전에는 존재하지 않았고, S가 더 이상 느끼지 않게 되면 존재하지 않게 된다. 마찬가지로 S가 미소를 지을 때 그 미소도 당장에만 존재한다.

질적 양식(qualitative modality). 감각은 항상 여러 질적으로 구별되는 양식 중에서 어느 한 가지의 느낌만을 갖는다. S가 빨간 감각을 가질 때 그 감각은 시각적 감각의 부류에 속하지만, 통증을 느낄 때 그 통증은 완전히 다른 부류인 체성(somatic) 감각에 속한다. 자신만의 특별한 감각 기관과 연결되어 있는 각각의 감각 양식은 말하자면 자신만의 독특한 현상적 방식을 가지고 있다. 마찬가지로 S가 자신의 입술로 미소를 지을 때 이 표출은 표정(facial expressions)의 부류에 속하며, 목소리를 이용한 표출이나 눈물을 이용한 표출과는 대비된다. 각자의 효과기(effector organs)를 가지고 있는 각각의 표출 양식은 자신만의 독특한 매체와 표출 방식을 가지고 있다.

현상적 즉각성(phenomenal immediacy). 가장 중요한 것으로 주체에게 있어 감각은 현상적으로 즉각적인 것이며, 앞서 기술한 네 가지 특성이 이를 스스로 드러내고 있다. 따라서 S가 빨간 감각을 가질 때, 자신이 갖게 되는 인상은 단순히 "나는 지금 내 눈의 시야 중의 바로 이 부위에서 레딩을 하고 있다."라는 것인데, (다른 어느 누구의 것도 아닌) S의 눈이며, (자기 신체의 다른 부위가 아니라) 자기 눈의 바로 이 부분이고, (다른 때가 아닌) 지금 벌어지고 있는 일이며, (청각이나 후각적인 방식이 아니라) 시각적인 방식으로 일어나고 있는 어떤 것이라는 사실은 S가 직접, 그리고 즉각 자각하고 있는 사실들인데, 왜냐하면 이런 사실들을 만들어내는 사람이 빨간 감각의 작가인 S이기 때문이다. 마찬가지로 S가 자신의 입술로 미소를 지을 때 자신의 인상은 단순히 그의 입술이 미소를 짓고 있다는 것이며, 이 동작의 상응하는 속성들은 그 미소의 작가인 S가 비슷한 이유로 즉각적으로 자각하고 있는 사실들이다.

이 다섯 가지 방식과 그 밖에 우리가 지적할 수 있는 다른 방식들을 통해 긍정적인 비유가 합쳐져 나타나게 된다. 인정할 수 있는 것은 아직까지 우리가 요인 X의 흔적조차 찾지 못했다는 것이다. 아직까지 우리는 엄밀한 의미에서의 신체적 표출이 그 특별한 "감각과 비슷한 것"의 풍요로움 중 그 어느 것도 가졌다고 주장할 수 없는 것은 확실하다. 하지만 우리는 모든 것을 한꺼번에 얻지는 못하리라는 것을 알고 있었다.

우리가 무엇을 알아냈는지 살펴보자. 의심스러운 동일성 등식인 '빨간 감각의 경험 = 레딩'을 다시 한 번 살펴보면, 좌변에 있는 의식적 감각과 우변에 있는 레딩의 차원을 맞추어 보는 일이 좀 더

쉬워졌을까? 그렇다, 아마도 그럴 것이다. 램지가 다음과 같이 적었듯 말이다. "때로는 차원을 고려해보는 것만으로도 어떤 문제에 대한 답변의 형태를 결정짓기에 충분하다."라고. 감각이 실제로 일종의 신체적 표출과 유사하다면, 레딩이라는 활동도 또한 일종의 신체적 표출과 유사해야만 한다. 결국 이것은 그렇게 어려운 주문은 아니다. 실제로, 만일 레딩이 일종의 신체적 표출과 유사하다면, 어째서 레딩이 실제로는 일종의 신체적 표출이 아니라고 할 수 있겠는가?

물론 이것이 깔끔한 해결책이 될 수도 있겠다. 하지만 이것이 우리가 독립된 주장을 펼칠 수 있는 바로 그런 해결책인가? 앞 장에서 우리는 감각의 윤곽을 확립했는데, [감각이] 신체 표면에서 벌어지는 자극에 대해 개인적으로 평가하여 반응하는 것이고, 그 감각은 "자극에 대해 잠재적으로 풍부한 정보를 전달하며, 그 자극이 하나의 물리적인 사건으로서 어떤 것인가에 대한 정보뿐만 아니라 주체가 그 자극에 대해서 어떻게 느끼는가에 대한 정보까지도 전달한다"는 것이다. 분명 [이 주장은] 충분한 가능성이 있다. 이제 감각적인 반응을 신체적 표출과 연결시키기 위해 좀 더 심화해서 할 수 있는 이야기가 있을까?

있다. 이번 탐구의 시작에서부터 우리는 "의식은 무엇인가?"라는 질문을 "의식은 어떻게 진화했는가?"라는 질문과 결부시켜 왔다. 나는 이제 우리가 의식은 무엇에 관한 것인가를 알기 시작하게 되는 것은 오직 진화적인 관점을 취할 때뿐이라고 제안하고 싶다.

자, 이제 나는 감각, 느낌 및 지각의 진화에 대한 이야기를 들려주고자 하는데, 이 이야기는 원시적인 아메바로 시작해서 사람에서 끝이 난다. 이 이야기는 당신이 너무 글자 그대로 받아들여서는 안 되는 이야기다. 실제로 이 이야기는 역사적인 실체들과는 단지 느슨하게만 대응할 뿐이다. 논의의 현재 단계에서 우리가 필요로 하는 것은 우리의 생각을 안내해줄 일종의 체험적 교수법이다. 따라서 우리가 어떤 가능할 만한 진화적 궤적, 즉 우리의 조상들이 과거로부터 지금까지 지나왔을지도 모를 그런 길을 그려낼 수 있다는 것만으로도 충분하다.[69]

마음을 단단히 먹자.

상상을 통해 머나먼 옛날로 되돌아가서 원시의 바다에 아메바와 비슷한 원시동물이 떠다니고 있다고 마음속에 그려보자. 이 동물은 구조상 뚜렷한 경계를 가지고 있다. 그 경계가 중요하다. 이 동물은 그 경계 안에 존재하는데, 경계 안에 있는 모든 것은 "자신"의 일부이며, 그 경계의 바깥에 있는 모든 것은 "타자"의 일부다. 그 경계란 생명의 최전선으로서 이 경계를 통해 물질과 에너지와 정보의 교환이 일어날 수 있다.

이제 이 동물에게 빛이 쪼이고, 물체들이 와서 부딪치며, 압력파가 짓누르고, 화학물질들이 달라붙는다. 이렇게 이 동물의 표면에서 일어나는 사건들 중 일부는 그 동물에게 좋고, 다른 일부는 나쁠 것이라는 데에는 의심의 여지가 없다. 이 동물이 살아남기 위해서는 좋은 것과 나쁜 것을 분별하여 서로 다르게 반응할 수 있

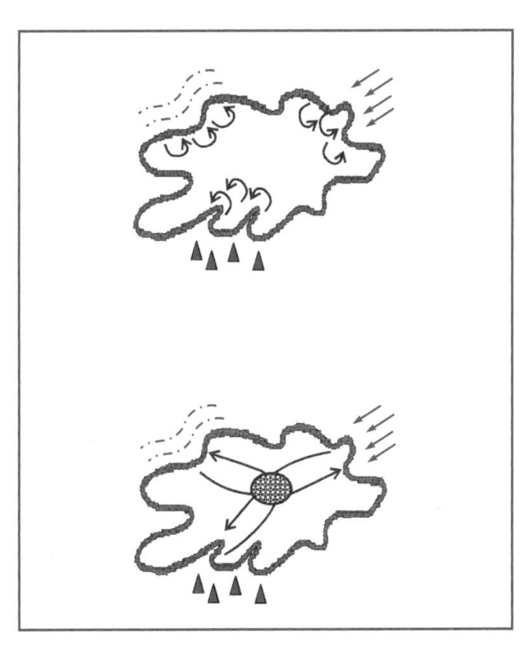
15

는 능력, 즉 이 자극에 대해서는 '아야!'로, 저 자극에 대해서는 '야호!'로 반응할 수 있는 능력을 진화시켜야 한다.

처음엔 이런 꿈틀거림이 모두 국부적인 반응이어서 자극된 부위의 바로 인근에서만 조직화된다([그림15] 위쪽). 하지만 나중엔 일종의 반사궁(reflex arc)과 유사한 어떤 것을 발달시켜서, 중추신경절(central ganglion)이나 원시뇌(protobrain)를 거치게 된다([그림15], 아래쪽). 게다가 특수화된 감각영역이 나타나기 시작하는데, 이 부위는 화학물질을 감지하고, 저 부위는 빛을 감지하는

식이다.

따라서 예를 들어 소금이 표면에 닿으면 그 동물은 소금에 감응하고 어떤 특징적인 꿈틀거림을 보이는데, 이는 "짜게" 꿈틀거리는 것이다. 빨간빛이 동물에 닿으면 그 동물은 다른 종류의 꿈틀거림을 만들어내는데, 이는 "빨갛게" 꿈틀거리는 것이다. 그런 행동은 몸의 어느 부위가 어떻게 자극되었는지에 따른 각각의 반응이 잘 적응되어 생물학적으로 적절하게 진화한 것이다.

이런 반응들은 나중에 나타나게 될 현재 우리가 알고 있는 "감각"의 원시적 형태다([그림7]의 b와 비교하라). 하지만 아직까지는 이 원시적인 동물에게 이런 감각반응들이란 그저 반응일 뿐이고, 수용이나 거부의 꿈틀거림에 불과하다. 그 동물이 어떤 식으로든, 어느 수준에서든, 무슨 일이 벌어지고 있는지 정신적으로 자각하고 있다고 가정할 만한 하등의 이유가 없다.

하지만 이 동물의 삶이 점차 복잡해짐에 따라 무엇이 자신에게 영향을 미치고 있는지에 대해 일종의 내적 지식을 갖는 것이 정말로 유리해지는 때가 오게 되는데, 그 동물은 보다 정교하게 계획하고 결정을 내리기 위한 기초로서 이 내적 지식을 활용하기 시작한다. 그러기 위해서는 몸의 표면에서 일어나는 자극에 대해 어떤 정신적 표상(mental representation)을 형성할 수 있는 역량이 필요하다.

이제 그런 역량을 발달시키기 위한 한 가지 방법은 감각기관으로부터 전달되어 오는 정보를 완전히 새롭게 분석하는 것부터 다시 시작하는 것이다. 하지만 이렇게 하는 것은 뭔가를 놓치는 것일

16

터이다. 자극이 어디에서 일어나고 있고, 그 자극의 종류는 무엇이며, 그 자극을 어떻게 다뤄야 할지와 같은 자극에 관한 모든 필수적인 세부사항은 이미 그 동물이 적절한 감각반응을 할 때에 만들어내는 명령신호 안에 암호화되어 있기 때문이다. 따라서 그 동물은 그 자극에 대해 자기 스스로 무엇을 하고 있는지 모니터링 하는 간단한 방법을 통해 무슨 일이 벌어지고 있는지, 심지어 자신이 어떻게 느끼고 있는지 알아낼 수 있는 방법이 있는 것이다.

비유를 하자면 어떤 여성이 전화에 대고 답변으로 어떤 말을 하거나 어떤 표정을 짓는가를 보고 전화기에서 무슨 말을 듣고 있는 것인지 당신이 어떻게 알아낼 수 있는지 생각해보라[그림16]. 장 콕토(Jean Cocteau)는 자신의 과거 연인과 통화하는 한 여성의

17

대사만으로 이루어진 1인 오페라 ‹목소리(*La voix humaine*)›의 대본을 썼는데, 관객들은 그녀의 반응을 통해 상대방이 말하는 내용을 분명히 짐작해낼 수 있다.

좀 더 나은 비유를 들자면, 한 여성이 오디오-비디오 링크에서 무엇을 바라보고 있는지를 당신이 어떻게 알아낼 수 있는지 생각해보라. 이 여성은 다른 나라에서 걸려온 전화를 받고 있는데, 상대방은 그녀에게 그 지역의 광경을 설명해주고 있다[그림17]. 당신은 그녀가 사용하는 언어, 어조 및 단어를 통해서 그 전화가 어디에서 걸려온 것이고, 그것이 그녀에게 어떤 의미인지를 알아낼 수 있다. 그녀가 지금은 양키어(미국 북부의 언어—옮긴이)를 쓰고, 지금은 일본어를, 지금은 웃고 있고, 지금은 수화기에 대고 울고 있다.

이제 여기에서 더 심화시켜서 만일 당신이 그녀라면 당신 자신이 어떤 응답을 하고 있는가를 모니터링 해서 당신 자신이 무엇을 보고 있고, 무엇을 듣고 있는지 알아내는 방법에 대해 생각해보라. 아마도 실제로 우리의 동물 조상들은 이런 방법을 통해 자기 자신의 반응에 주의를 기울임으로써 자신의 신체 표면에서 어떤 일이 벌어지고 있는가를 추적하기 시작했을 것이다. 예를 들어 어느 장소에 소금이 존재하는가를 감지하기 위해서라면 그 동물은 그 장소에서 자신이 짜게 꿈틀거리게 되는 명령신호를 모니터링 하고, 빨간빛이 존재하는가를 감지하기 위해서라면 자신이 빨갛게 꿈틀거리게 되는 명령신호를 모니터링 한다[그림18]. 이것을 통해 거기에 있는 모든 것을 알게 되는 것은 아니겠지만, 이 단계에서 자신이 알아야 할 모든 것을 알게 된다.

여기 또 다른 비유가 있다. 당신은 극장 오르간 앞에 앉아 스크린으로 투사되는 영화를 보고 있는데, 영화의 장면이 바뀜에 따라 당신이 보고 있는 영화의 정서와 내용에 맞도록 음악을 연주하고 있다. 이제 당신이 스스로에게 그 영화가 무엇에 관한 것인지를 표상하는 방법은 바로 당신이 창조해낸 그 음악을 듣는 것이다!

이렇게 주체가 자기 자신의 반응을 스스로 모니터링 하는 것은 현재 인간인 우리가 알고 있는 "정서 감각"의 원형이다([그림7]의 p(b)와 비교하라).

18

진화의 이 단계까지는 그 동물의 관심이 전적으로 주변에만 머물러 있다는 것에 주목해야 한다. 자기 자신의 반응을 모니터링 하는 방법을 통해 그 동물은 자기 자신의 신체 표면으로 도달하는 자극에 대한 표상을 형성한다. 하지만 이제껏 그 동물은 그 자극들이 자신의 신체를 넘어서는 세상에 대해 어떤 의미를 내포하는가는 말할 것도 없고, 그 자극들이 어디에서 비롯되는 것인지조차 알지도, 상관하지도 않았다.

그렇다 해도 그 동물이 저 너머의 세상에 대해 관심을 가지면 더 잘 살게 되지 않을까? 가령 자신의 측면을 압력파가 짓누를 때 그 자극을 포식자가 다가오고 있다는 신호로 해석할 수 있다면 더 낫지 않을까? 자신의 피부를 가로질러 화학물질의 냄새가 들어올 때, 이것을 맛난 벌레가 있다는 신호로 해석할 수 있다면 더 낫지 않을까?

물론 그 대답은 예(yes)이다. 그리고 얼마 지나지 않아 우리 조상들은 실제로 신체 표면의 정보를 이런 새로운 목적에 사용하려는 생각을 하게 되었다는 것을 확신할 수 있다. 하지만 생각해보면 이런 목적이란 무척 새로운 것이어서 아주 다른 양식을 갖는 정보처리가 필요하다. 질문이 "내 주변에서 무슨 일이 벌어지고 있는가?"일 때 구하고자 하는 답변은 질적이고, 현재 시제이며, 일시적이고, 주관적이다. 질문이 "저 너머 세상에서는 무슨 일이 벌어지고 있는가?"일 때 구하고자 하는 답변은 양적이고, 분석적이며, 지속적이고, 객관적이다.

따라서 요약해서 말하자면 그 해결책으로 원시적인 채널과는 무관한 별도의 정보처리 통로를 발달시켜야 하는데, 이번에는 감각기관으로부터 전달되어오는 정보를 새롭게 분석하는 것부터 다시 시작해야 한다. 구식의 채널이 계속해서 그 자극이 동물 자신에게 무슨 일을 벌이고 있는지에 대해 정서를 담고 있으며, 양식 특이적이고, 신체 중심적인 그림을 그려내고 있는 사이에, 이 두 번째 채널은 외부 세계에 대해 보다 중립적이고, 추상적이며, 신체와 무관한 표상을 제공하도록 조정되어야 한다[그림19]. 물론 이 두 번째 채널은 현재 우리 인간이 알고 있는 지각의 원형이다([그림7]의 p(a)와 비교하라).

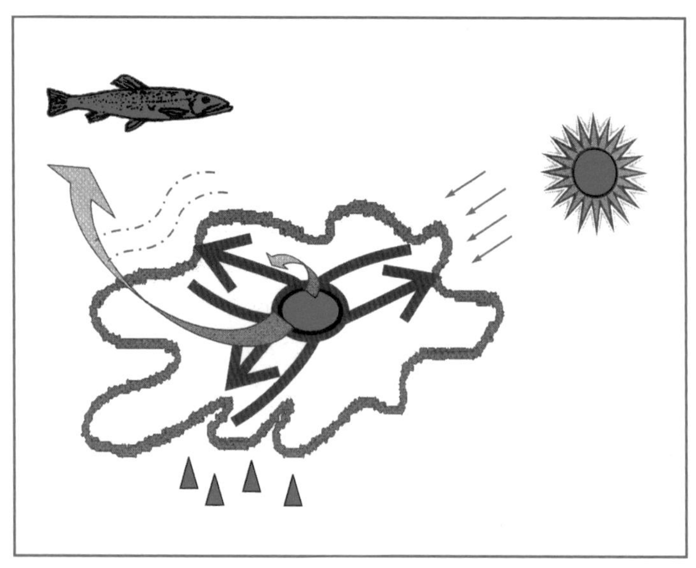

19

자, 이제 이 시점부터 우리는 감각과 지각이 진화과정에서 상대적으로 독립적인 경로를 밟아왔다고 가정할 수 있으리라. 하지만 당분간 지각에 무슨 일이 벌어졌는지에 대해서는 무시할 텐데, 왜냐하면 현재 우리는 감각의 운명에 관심이 있기 때문이다.

우리가 앞서 논의하던 단계에 이르기까지 그 동물은 여전히 자극에 대해 겉으로 드러나는 신체활동으로 능동적인 반응을 하고 있었으며, 이런 감각반응들은 여전히 생물학적으로 적응된 것이었다. 그렇지만 이 동물이 계속 진화하여 바로 인근에 있는 환경으로부터 점차 독립적이 되어감에 따라, 표면에 도달하는 자극에 대해 계속해서 그렇게 직접적으로 반응을 하는 것으로는 점점 얻어낼 것이 없게 된다.

그렇다면 간단하게 이렇게 원시적인 국부적 반응을 모두 포기해버리는 것은 어떨까? 포기하지 않아야 하는 이유는 비록 그 동물이 주어진 자극에 직접 반응하는 것으로는 더 이상 얻어낼 것이 아무 것도 없다 하더라도 그 동물은 여전히 자신의 신체에 벌어지고 있는 일들에 대해 계속 정보를 알고 있기를 원하며, 또 그 정보를 갱신하고 싶기 때문이다. 외부세계는 외부세계일 뿐이며, 저 밖에서 무슨 일이 벌어지고 있는지 알고 있는 것도 확실히 유용할 것이다. 하지만 그 동물은 자기 자신이 잘 사는 것이 핵심이라는 것을 잊어서는 안 되며, 내가 내가 아니라면 나는 아무 것도 아니라는 사실을 잊어서는 안 된다. 게다가 "내게 무슨 일이 벌어지고 있는지"에 대해 알게 되는 방법이 바로 자기 자신의 반응을 만들어내는 명령신호를 모니터링 하는 것이기 때문에 이런 반응을 모두 하지 않게 할 수도 없다.

따라서 그 동물은 그 명령신호들이 신체 행동으로 연결된다면 신체의 올바른 부위에서 적절한 반응을 만들어내도록 했을 그런 종류의 명령신호들을 계속해서 만들어내야 한다. 하지만 이제 겉으로 드러나는 행동은 더 이상 필요하지 않으므로 이런 신호가 가상명령(virtual command)이거나 가정명령(as-if command)의 신호로 남아 있는 것이 나을 것이다. 동물들이 원래 의도했던 색인적인 특성은 그대로 보유하고 있으면서도 사실상 실질적인 효과로 이어지지는 않을 그런 명령신호들 말이다.

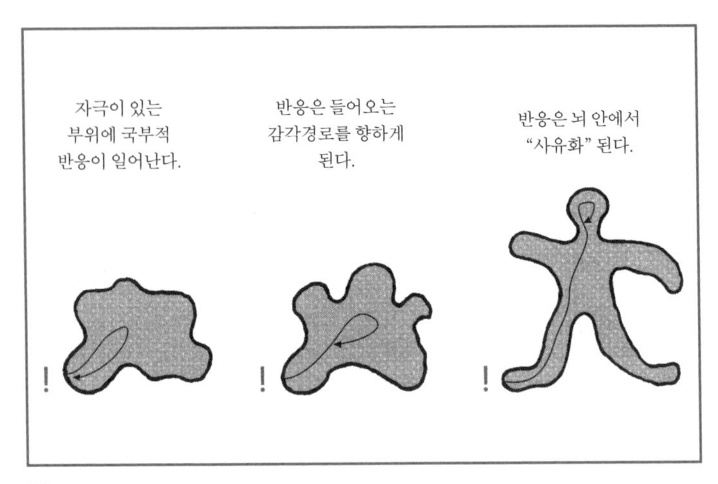

20

오랜 진화의 시간을 거치면서 더디지만 주목할 만한 변화가 있었다는 것이 그 최종결론이며, 이전 저작에서도 나는 그렇게 주장한 바 있다. 무슨 일이 벌어지고 있는가 하면, 전체 감각 활동이 "사유화"된다는 것으로, 감각반응을 일으키는 명령신호들은 차츰 그 회로가 짧아져 신체 표면까지 닿지 않게 되며, 결과적으로는 자극이 일어난 말초 부위까지 가는 대신 점점 더 안쪽의 감각경로까지만 가게 되고, 궁극적으로는 그 전체 과정이 외부세계와 유리되어 뇌 안에 있는 내적인 고리 안에만 존재하게 된다[그림20].

이제 가상의 신체지도로만 전달되는 가상의 감각반응은 원래 가지고 있었던 생물학적 중요성은 모두 잃어버리고, 실제 보이지 않는 곳으로 숨어버렸다. 하지만 이런 은둔은 진화과정에서 (아마

21

도 인간으로 이어지는 경로에서 포유동물의 대뇌피질이 진화할 때까지는 완성되지 않았을 테니) 상대적으로 뒤늦게 일어났다. 그리고 이즈음 여기에 상응하는 반응의 형태와 감각의 특질들도 점차 영구적으로 고정되었다고 믿을 만한 충분한 이유가 있다. 따라서 오늘날에 이르기까지 그 이후의 세대들은 신체 표면의 자극을 이런 진화적 혈통을 반영하는 방식으로 경험하게 된 것이라 예상할 수 있으리라. 다시 말해서 감각은 그 진화의 역사로 볼 때, 자극의 특정한 형태나 특질에 반응한 수용이나 거부의 꿈틀거림으로

22

시작했으며, 오늘날에 이르기까지도 여전히 그런 종류라고 인식될 수 있을 것이다.

이제 좀 더 현대로 와보자. 나와 더불어 아일랜드의 남서부로 가보면 거기서는 원시적인 네발짐승(tetrapod)이 3억 6천 5백만 년 전에 바다로부터 기어 나와 진흙 위에 남긴 발자국을 만나볼 수 있다[그림21].[70] 여기 우리 친구 S가 그 인근에 있는 나의 통나무집 정원에 서 있다[그림22]. S는 자신의 눈과 귀와 피부로 도달하는 자극을 받아들이고 있다. S는 아주 오래된 감각반응의 파동을 느끼고 있는 동시에, 이와는 별도로 호수와 하늘과 나무들을 지각하고 있다.

23

당신은 예이츠의 시 「이니스프리의 호도(*The Lake Isle of Innisfree*)」를 알고 있을 것이다. "호숫가의 잔물결 소리가 들리네", "그곳에서 한밤은 희미하게 빛나고, 대낮은 자줏빛으로 물들며, 저녁은 홍방울새의 날갯짓으로 가득 차 있네", "벌들이 잉잉거리는 숲속에 나 홀로 살겠네". 이렇게 다중적인 감각환경 속에 S가 있다[그림23]. 그리고 여기 S의 내부에는 바뀌는 전경에 맞추어 연주하고 있는 오르간 주자가 존재하는데, 이렇게 복잡한 여러 선율로 이루어진 음악이 그의 영혼 속에서 떨림을 창조해내고 있다.

이제 점검을 해볼 때가 됐다. 내가 이제까지 그려낸 진화 이야기가 올바른 어떤 것이라 가정하자. 과학적 이해라는 측면에서 볼 때, 이 이야기는 우리에게 무엇을 알려주는가? 최소한으로만 이야기하자면, 감각에 대한 심신 동일성 등식이 실제로 가능할지도 모를 만한 방법을 우리가 볼 수 있게 해준다.

다시 정리해보자. 그 등식의 마음 쪽 변의 경우, 앞서 했던 분석을 통해 감각을 창조하는 경험이 신체적 표출을 창조하는 것에서 볼 수 있는 여러 특징을 가지고 있음을 제시했다. 이제 뇌 쪽의 변을 보자면, 우리는 하나의 역사를 구성했는데, 그 역사 속에서 감각은 그 옛날 실제로 신체적 표출의 일종이었던 그런 종류의 활동에서 유래한 것임을 시사하고 있다. 뇌 쪽에서의 활동이 오늘날에는 가상이고, 사유화되어 가상의 신체에만 전달되고 있다는 것이 참이지만, 그 특징들—그 차원들—은 여전히 과거의 모습을 유지하고 있다고 가정할 만한 충분한 이유가 있다.

어떻게 이것이 가능할 수 있는지 살펴보는 과정에서 우리는 그것에 관한 이론이라며 우리가 예술적으로 지어낸 그런 특징들의 작용 그 이상의 것을 보진 못했음을 인정해야 하겠다. 등식의 양변에 있어야 할 것은 감각적 경험의 현장감, 현재감, 그리고 나됨이라는 것을 우리는 알고 있다. 우리에겐 정서적 차원이 필요한데, 제한된 접근성과 결부되어 있는 즉각성을 필요로 한다.

우리는 우리가 필요로 하는 이런 특징 모두를 찾아낼 수 있었고, 그에 덧붙여 합리적으로 가능할 만한 역사적 설명을 할 수 있었다는 것은 만족할 만하며, 어쩌면 다행스럽다고 해야겠다. 하지만 이번 장의 서두에서부터 우리가 운이 좋다면 우리가 만들어 넣은 것 그 이상의 것을 얻게 될 것이라는 기대에 부풀어 있었는데, 특히 우리가 등식의 뇌 쪽에서 발견해낸 것에 대응하는 다른 어떤 것이 마음 쪽에도 있으리라는 시작 단계에서의 직관을 이해하는 데에 도움이 될 것이라고 말이다.

우리는 규정하기 힘들었던 요인 X를 포착하는 데에 가까워졌을까? 그렇다 해도 아직까지는 그것이 분명하지 않다고 고백한다. 하지만 이 이론은 아직 시작에 불과하며, 다른 일들도 우리 앞에 진행 중이다. 실제로 우리 앞에 진행되고 있는 다른 한 가지가 있는데, 정말 예상치 못하게 나타난 것으로서, 우리가 만들어 넣지 않은 진화적 설명으로부터 갑자기 튀어나온 희망적인 새로운 특징이다. 곧 보게 되겠지만, 이 특징은 그 자체로도 매우 중요하기 때문에 잠깐 하던 이야기를 중단하고 이에 대해 논의해보기로 하자.

5

우리가 기대하지 않았던 새로운 국면은 이것이다. 대행물의 권역 내에서 감각을 마음의 받아들이는 쪽이 아니라 만들어내는 쪽에 위치시키면 우리의 감각에 대한 모형으로부터 한 가지 가능성을 얻게 된다는 것인데, 바로 그와 비슷한 것을 상당한 정도로 중앙에서 통제할 수 있다는 것이다.

걸려온 전화에 대한 자신의 응답을 모니터링 하고 있는 여성에 대한 비유로 되돌아가보자[그림16]. 우리는 주체인 그녀가 상대방으로부터 들은 메시지를 표상하는 방법으로 그녀 자신이 응답으로 무슨 말을 하는가에 주의를 기울이는 것을 생각해봤다. 하지만 우리는 보다 심화된 가능성도 생각해볼 수 있었으리라. 주체인 그녀는 상대방으로부터 들은 메시지 그 자체를 통제할 수 있는 가능성이 거의 없겠지만, 자신의 목소리 반응이라면 상당한 통제를 하는 것이 가능하다. 이 말은 결국 그녀가 걸려온 전화에 대해 표상하는 것은 분명 어떤 놀라운 방식으로 그녀 스스로에게 의존하는 것임을 의미한다.

예를 들어 그녀가 자신의 기분에 따라 훨씬 큰 목소리로, 혹은 훨씬 부드럽게, 혹은 음색을 바꾸어 말하는 등, 자신의 목소리에서 나오는 정서적 특질을 변조시킬 수도 있다고 생각해보자. 이 경우 그녀가 모니터링 하고 있는 것은 자신의 목소리기 때문에 그녀는 자신이 그녀에게 걸려온 똑같은 메시지에 대해 서로 다른 때에 서로 다르게 표상하고 있음을 알게 된다. 마치 정신변조 약물, 알코올, 대마초나 LSD와 마찬가지로, 기분이 우울하거나 좋다는 것이 결과에 영향을 미친다.

하지만 좀 더 극적인 가능성이 있을 수도 있겠다. 주어진 입력에 대해 자신이 반응하는 특질을 통제하는 것이 가능하다는 것 외에도, 자신의 반응을 모두 다 억제하거나 혹은 자신의 반응을 아예 새로 만들어낼 수도 있다. 다시 말해서 전화한 상대방으로부터 아무런 입력이 없는 상태에서도 마치 어떤 응답을 하는 것인 양 말을 할 수도 있다는 것이다.

앞 장에서 장 콕토의 오페라 대본 ‹목소리›를 언급한 바 있다. 그 오페라에서 무대에 선 여배우는 자신의 [과거] 연인과 격렬한 감정이 실린 전화 대화를 연주하는데, 관중석에 있는 우리는 그녀의 말만 듣고 상대 남성의 대화 내용을 추측할 수 있다. 하지만 실제로 상대 남성이 하는 말은 하나도 없다. 이것은 여성 1인 오페라기 때문에 그 여배우는 수화기로부터 어떠한 단서도 얻는 것이 없다. 하지만 이제 그 여성이 자신이 무엇을 들었는가에 대한 증거로서 자기 자신이 한 말을 모니터링 하고 있다고 생각해보자. 실질적으로 그녀는 수화기 저 건너편에 자신의 연인이 존재한다고 환각하고 있는(hallucinating) 것이다.

그 비유가 적절하다면 실제 세계에서의 감각 경험에 대해서도 분명하면서 흥미로운 것들을 내포하게 된다. 우리 모형에 따르면 우리는 어째서 감각이 특히나 위에서부터 아래로 내려오는 영향에 대해 순응적인지 알 수 있다. 이는 외부 세계에 대한 지각과 비교하면 훨씬 더 그렇다.

우선 우리는 감각 자체가 기분의 변화나 정신변조 약물에 의해 영향을 받는다고 예상할 수 있다. 이미 3장에서 우리는 메스칼린이나 LSD와 같은 정신변조 약물이 (지각에 대해서는 거의 영향을 미치지 않으면서도) 실제로 감각 경험의 질을 바꿀 수 있음을 살펴본 바 있다. 우울증에서 볼 수 있는 것처럼 내부에서 만들어지는 정서도 마찬가지임이 알려져 있다.

게다가 우리는 감각이 때로는 전적으로 자기가 만들어낸 것임을 알게 될 것이라 예상할 수 있다. 따라서 감각은 비전이나 꿈에서처럼 생생한 상상의 중심부에 놓여 있을 수 있다. 깨어 있는 상태에서 환각을 경험하는 사람은 상대적으로 매우 드물다 하더라도, 우리들 각자는 꿈속에서 우리가 환각을 만들어낼 수 있을 만큼 감각이 현상적으로 풍요롭다는 것을 알고 있다.

더구나 우리는 감각이 다른 사람의 정신적인 상태를 시뮬레이션 해볼 때에 핵심적인 역할을 할 것이라 예상할 수 있다. 실제로 신체적 표출로서의 감각은 투사적 감정이입(projective empathy)에 안성맞춤일 수 있다.

2장에서의 서설적인 논의로 되돌아가보자. 우리는 공의식(co-consciousness)에 대한 주제에 관심을 기울였다. 우리는 사람들이 다른 사람들과 함께 있을 때 어떻게 다른 사람의 마음과 연결할 다리를 놓게 되는지에 주목했다. 우리의 주체인 S는 당신이 빨강을 본다는 것을 본다[그림3].

프리드리히 니체(Friedrich Nietzsche)는 (그렇게 인정을 받고 있는 경우는 드물지만) 의식이 가지고 있는 근본적인 사회적 차원에 대해 처음 강조한 사람들 중 하나다. 니체는 "의식은 실제로 사람들 사이의 의사소통망이다. 의식이 발달하게 된 것은 오직 그런 이유에서이며, 짐승처럼 홀로 살고 있는 사람이었다면 의식은 필요하지도 않았을 것이다."[71]라고 썼다.

니체는 그런 그물망이 어떻게 만들어지는지 처음으로 설명한 사람들 중 하나였다.

> 다른 사람을 이해하기 위해, 다시 말해 우리 내부에서 그 사람의 감정을 모방해보기 위해 우리는 (……) 우리 자신의 신체를 이용하여 그 사람의 눈 표정, 목소리, 걸음걸이, 자세를 모방함으로써 우리 내부에 감정을 만들어낸다. 우리 내부에는 오랜 옛날부터 형성된 움직임과 감각 사이의 연계 결과로 비슷한 감정이 생기게 된다. 우리는 다른 사람들의 감정을 이해하는 기교를 고도의 완성도를 갖는 데까지 발전시켰으며, 다른 사람이 존재하는 경우 우리는 항상 거의 의도하지 않은 채로 이런 기교를 연습하고 있다.[72]

1880년대에 감정이입이 신체동작을 모방함으로써 매개된다는 아이디어를 내놓은 것은 꽤나 선견지명이 있는 것이었다. 하지만 최근에는 많은 심리학자들이 이론적으로, 그리고 실험적으로도 그런 아이디어에 도달했다. 예를 들어 2002년에 스테파니 프레스턴(Stephanie Preston)과 프란스 드 발(Frans de Waal)은 감정이입에 대한 일반적인 설명으로서 이른바 "지각 동작 모형(perception action model)"을 주창했다.[73]

하지만 여전히 우리는 그 인지적, 신경생리학적 기전을 이해해야 할 필요가 있다. 니체는 앞에 인용한 구절에서 "오랜 옛날부터 형성된 움직임과 감각 사이의 연계"라는 말을 썼다. 짐작건대 니체의 이 말은 우리가 이제까지 논의해온 그런 연계를 의미하진 않는다. 오히려 니체는 움직임에 따른 부차적인 결과로 어떤 감정이 따라 나오게 된다는 사실을 말하고 있는 것일 텐데, 왜냐하면 주체는 본능적으로 자신의 움직임을 이런 방식으로 평가하기 때문이다. 얼굴을 찡그릴 때 당신은 자신이 화났다고 느끼게 되며, 미소를 지을 때 당신은 자신이 행복하다고 느끼게 된다. 따라서 니체가 주장하고 있는 것은 다른 사람의 찡그림이나 미소를 모방함으로써 그 사람의 분노나 행복을 공유하게 된다는 것이다.

이것이 또한 프레스턴과 드 발의 주장의 요지이기도 하다. 하지만 감각이 어떻게 작동하는 것인지 우리가 새롭게 이해한 것과 연결지어, 가장 기본적인 수준에서의 감각들—통각, 후각, 시각—이 실제로는 은밀한 움직임의 일종이라고 가정하자. 그렇게 하면 전반에 걸쳐 동작의 모방이 감정이입을 매개하는 데 있어 더욱 폭넓은 역할을 하는 길이 열리게 될 것이다. 기분이나 감정에 대한 감정이입뿐만 아니라 보다 순수한 감각 경험에 대해서도 말이다. 다른 사람이 레딩을 하는 것을 모방하게 되면 당신은 자신이 그 사람과 빨간 감각의 경험을 공유하는 것을 알게 된다.

게다가 그렇게 하면 최근에 발견된 현상인 "거울 뉴런(mirror neurons)"에 대해서도 완전히 새로운 역할을 생각해볼 수 있게 된다. 거울 뉴런은 대뇌의 전운동피질(pre-motor cortex)에 존재하는 뉴런의 한 형태인데 주목할 만한 이중적 역할을 수행하고 있다. 바로 주체가 어떤 특정한 동작을 수행할 때—예를 들어 손으로 호두를 잡을 때—활성화되며, 또한 다른 사람이 그와 똑같은 동작을 하고 있을 때에도 활성화된다. 그런 뉴런들은 타인의 행동에 대한 관찰을 자신의 동작 실행과 효과적으로 연결시킨다. 거울 뉴런은 원숭이의 뇌에서 처음 기술되었으며, 이제는 인간의 뇌에도 존재하는 것으로 밝혀졌다.[74]

하지만 만일 감각이 일종의 동작이라면 "감각 거울 뉴런(sensory mirror neurons)", 다시 말해 타인이 감각을 갖는 것에 대한 관찰을 그와 유사한 자신의 감각 실행과 연결시키는 뉴런이 존재할 가능성도 나타나게 된다. 그리고 물론 기대를 불러일으키는 새로운 증거도 있는데, 인간의 뇌에서 통증에 대해 실제로 거울과 같은 특성을 지닌 뉴런들이 존재한다는 것이다. 빌 허치슨(Bill Hutchison)은 전측 대상피질(anterior cingulate cortex)에서 한 인간 피험자가 바늘로 콕 찌르는 것과 같은 아픈 자극을 받았을 때뿐만 아니라 다른 사람이 바늘에 찔리는 것을 관찰했을 때에도 반응하는 뉴런에 대해 기술한 바 있다.[75]

이것이 정말로 그렇게 겉으로 보이는 대로일까? 우선 우리는 어떻게 그럴 수 있는지 의문을 제기할 수 있다. 그 주체는 다른 사람이 통증 감각을 창조해내는 것을 실제로 관찰하고 있는 것일 리는 없는데, 왜냐하면 그런 감각반응은 사적인 것이기 때문이다. 그렇다면 통증에 대한 거울 뉴런은 도대체 무엇을 반영하고 있는 것일까?

원숭이에게서 그 핵심을 담고 있다고 주장할 만한 특정한 발견이 있었다. 어떤 거울 뉴런들은 다른 원숭이가 완전한 동작을 수행하는 것을 보았을 때뿐만 아니라 그 동작이 보이지 않는 곳에서 이루어지고 있는 것을 관찰했을 때—예를 들어 다른 원숭이가 장막 뒤에서 호두를 잡았을 때—에도 반응한다는 것이다. 따라서 그 뉴런은 그 원숭이가 일어날 것이라고 기대하는 동작을 모방한다.

따라서 이제 통증의 경우, 주체가 다른 사람이 바늘에 찔리는 것을 보았을 때 그 주체는 마찬가지로 통증 감각이 보이지 않는 곳에서 생기는 것이라 예상한다고 가정하자. 그러면 하나의 통증 거울 뉴런은 이런 사적인 사건을 실제로 모방할 수 있을 것이다. 만일 통증이 이런 방식으로 일어나는 것이라면 다른 감각 양식들도 역시 이런 방식으로 일어날 것이다.[76]

그러나 열정적으로 이런 설명을 추구하는 과정에서 우리는 현상보다 너무 앞질러 가지 않도록 조심해야 한다. 우리가 물어야 할 것은 이것이다. 감정이입 된 감각의 실제는 어떤 것인가? 타인의 통증을 관찰한 사람이 느끼는 통증은 정말로 아픈 것인가? 대부분의 사람에게 거울처럼 비춰진[반영된] 감각은 직접적으로 일으켜진 감각만큼의 온전한 강도를 갖지는 않는 것으로 보인다.

위대한 경제학자 애덤 스미스(Adam Smith)는 다른 사람이 고문을 당하거나 매 맞는 것을 목격했을 때 보통 어떻게 반응하게 되는지 예를 들어 논한 바 있다.

> 상상을 통해 우리는 우리 자신이 그의 처지에 있다고 여기며 (……) 이에 따라 그의 감각에 대한 어떤 관념을 형성하고, 심지어 그 정도는 약할지언정 그의 감각과 전혀 다르지 않은 어떤 것을 느끼게 된다 (……) 다른 사람의 다리나 팔에 막 매를 때리려고 하는 것을 보게 되면 우리는 자연스럽게 우리의 다리나 팔을 움츠리게 된다. 그리고 실제로 그 사람이 매를 맞았을 때에는 그것을 어느 정도 느끼게 되며, 그런 고통을 당한 사람 때문만이 아니라 그 느낌 때문에도 아프게 된다.[77]

일반적으로 반영된 감각반응은—만일 정말로 이것이 그 이면에 놓여 있는 것이라면—(반영된 신체 움직임이 실제로 그런 것처럼) 정상적인 감각반응의 다소 약화된 버전에 해당한다고 이야기해도 정당하리라고 생각한다. 그러나 어떤 예외적인 경우에는 감정이입 된 반응이 정상적인 반응만큼의 강도를 갖는 경우도 있다는 것을 지적할 필요가 있다. 여기서는 어떤 한 남성 사례에 대한 보고를 예로 들고자 하는데, 일반적인 통증에 대해 과민했던 이 남성은 자기 아내의 통증을 마치 자기가 아픈 것과 거의 같은 강도로 느끼고 있는 것으로 보인다.

> 그 남자는 촉각에 매우 민감한 것으로 보고되었는데, 아주 가볍게 손으로 건드린 것이 그에겐 날카로운 손톱과 같은 인상을 주었다. 특히나 흥미로운 것은 그의 미망인이 최근

> 에 관찰한 것으로 "만일 제가 제 손가락을 가볍게 때리면서 자연스럽게 남편에게 보여주면 그이는 즉시 자기 자신의 손가락을 부여잡고는 '그러지 마.'(남편에게 보여주지 말라는 뜻—옮긴이)라고 말하는데, 남편은 실제로 그것을 느꼈습니다. 제가 [제 손가락을 때렸다고] 이야기하는 것만으로는 그런 반응이 나타나지 않았어요."라고 이야기한다. 인터뷰하는 동안 그 미망인은 다른 비슷한 사건들도 이야기해줬다. 그 경험은 불현듯 나타나는 즉각적이면서도 강렬한 것이었고 실질적인 접촉에 의해 만들어진 과민성과 질적으로 유사한 것처럼 보였다.[78]

수필가인 미셸 드 몽테뉴(Michel de Montaigne) 또한 감정이입된 것을 직접적인 경험과 거의 같게 여겼다. "모든 사람들이 감정이입에서 오는 충격을 느끼긴 하지만, 일부의 사람들만이 그것에 압도된다. 내게는 그것이 너무나도 강렬한 인상이라서 나는 그것에 저항하기보다는 그것을 회피하는 것을 연습한다고 해야겠다. (……) 다른 사람의 아픔을 보는 것은 나에게 실제적인 고통을 안겨주며, 내 몸은 나와 함께 있는 어떤 사람의 감각을 인계받는 경우가 종종 있다. 지속적으로 기침을 하는 사람이 있으면 내 폐와 목구멍이 간지럽다."[79]

수잔 랑거(Susanne Langer)는 어떤 한 사람이 반사적으로 자신이 다른 사람의 처지에 있다고 느낄 때 벌어지는 "개인별 분리의 불수의적 위반"에 대해 쓴 적이 있다.[80] 투사하는 정도가 사람에 따라 차이가 있다는 것에는 의심의 여지가 없다. 하지만 그것을 회피할 수 있거나 실제 회피하는 사람은 있다 해도 거의 없다. 따라서 인간은 니체가 이야기한 공유된 경험의 그물망에 정말 뜻하지 않게 사로잡혀 있는 것인데, 그 그물망은 인간 사회생활의 한 가지 결정적인, 혹은 아마도 딱 한 가지 결정적인 특징이리라.

난 우리가 제시한 감각에 대한 모형이 갖고 있는 가장 큰 장점은 바로 어째서 이런 분리의 불수의적 위반이 일어나는지에 대해 새로운 통찰을 제공해주는 데에 있다고 주장해도 되리라 본다.[81] 만일 우리가 진화 이야기를 다시 하게 된다면, 감각이 인간—그리고 아마도 다른 사회적 포유동물들—의 생물학적 생존에서 의미 있는 역할을 계속해나갈 수 있는 중요한 방식으로 감정이입적인 반영을 포함시켜야 한다고 제안한다.

6

이제 우리는 우리가 찾고자 했던 감각의 특징들 대부분을 손에 넣게 되었는데, 예상치 않게 추가로 감각이 감정이입의 기초가 된다는 것도 알게 됐다. 이야기가 잘 진행되어 가고 있으니 이제 용기를 내어 어려운 문제인 요인 X에 접근해보는 것은 어떨까?

앞에서 이야기했던 우리의 희망은 이것이었다. 우리가 운이 좋다면 동일성 등식의 뇌 쪽에서 발견해낸 것이 어째서 그리고 어떻게 감각 쪽에서 적절하게 신비로운 가외의 특징들이 나타나는지 알 수 있도록 도움을 줄 것이라고 말이다. 현재 상황을 보면, 그런 일은 아직 일어나지 않았다. 그 요인 X는 아직 "우리 수중에 떨어지지" 않았다.

하지만 그것이 수중에 떨어졌을 때 우리가 알아차릴 것이라고 확신할 수 있을까? 로버트 피어시그(Robert Pirsig)는 "진실이 문을 두드리면 당신은 '저리 가, 난 진실을 찾고 있단 말이야.'라 말하고, 진실은 그렇게 사라져버린다."[82]라고 썼다. 우리가 찾고자하는 것이 무엇인지 여전히 모르는 상태—우리를 안내해줄 반쯤 형성된 말로 표현할 수 없는 직관 외에는 아무것도 없는 상태—에서 그것이 정확하게 우리가 필요로 하는 것일지라도 우리가 이제까지 밝혀낸 것과 잠재적으로 관련되어 있는 것인지 알아낼 수가 있을까?

우리가 실제로 자명한 것을 놓치지 않기 위해, 마지막으로 한 번 더 요인 X에 대해 사람들이 어떤 직관을 가지고 있는지 포착해보기로 하자. 이제까지 철학자에서 심리학자에 이르는 여타의 사람들이 말로 할 수 없는 것에 대해 어떻게 설명하려고 노력해보았을까?

다른 이론가들이 시도해보지 않았다는 뜻은 아니다. 비록 대부분은 포기했지만 몇몇 용감한 영혼들이 시도를 거듭했다. 그런 사람들의 성취를 폄하하는 것이 어떤 부류의 비평가들(서덜랜드, 포더 등) 사이에선 일종의 상투어가 되어버렸다. 하지만 우리가 좀 더 밀접하고 자세하게 최근의 문헌들을 살펴보면 많은 논쟁과 환멸이 계속되고 있음에도 불구하고 떠오르고 있는 그림이 그렇게 어둡진 않다는 것을 알게 된다. 심지어 일말의 합의점이 나타나기도 했는데, 적어도 어느 지점에서 요인 X의 X됨이 나타나는지에 대해서 말이다.

이 요인 X가 뭔가와 관련이 있다면 그것은 바로 시간(time)이다. 의식은 시간적 "깊이(depth)"라고 하는 역설적인 차원을 가지고 있다. 현재 순간, 즉 감각의 "지금(now)"은 "시간적으로 두텁게" 경험된다. 최근의 논문에서 나티카 뉴턴은 이렇게 표현했다. "우리의 현재 경험은 (적어도) 구별되는 두 가지 시간을 포함하고 있기 때문에 그것은 칼로 자른 듯 일시적인 순간으로서 경험되는 것이 아니라, 하나의 연장된 시간으로서 경험되는데, 어떤 하나로 통일된 즉각적인 표상 속에서 "지금(now)"과 "지금이 아님(not-now)"이라는 두 가지 요소를 모두 포함하게 된다."[83] 그보다 10년 전에 나 자신은 이렇게 표현한 적이 있다.

현재가 조금 늘어났다고 가정해보자. 현재와 과거가 겹쳐

질 만큼 충분히 길게 지속된다고 가정해보자. T. S. 엘리엇(T.S. Eliot)의 다음 말처럼 가정해보자.

> 현재의 시간과 과거의 시간은
> 아마도 둘 다 미래의 시간 속에 있었을 테고,
> 그러면 미래의 시간은 과거의 시간 속에 담겨 있다네.

> 정말 인간이 일생동안 "시간의 배"를 타고 여행한다고 가정해보자. 이 배에는 우주선처럼 이물과 고물이 있고 우리가 돌아다닐 수 있는 내부의 방이 있다고 말이다.
>
> 자, 그 경우 우리는 물리학자가 정의하는 것처럼 "현재"에 대해 이야기하진 않을 것이다. 대신에 우리는 우리가 실제 경험한 대로 "주관적인 현재"에 대해 이야기할 것이다. 엄밀하게 말해서 "물리적인 현재"는 무한히 짧은 시간을 수학적으로 추상화시킨 것이라서 그 사이에는 아무 일도 벌어질 수 없다. 그와는 대조적으로 "주관적인 현재"는 우리의 의식적 삶의 운반자이자 [그것을 담고 있는] 용기(container)라 주장할 수 있으며, 우리에게 벌어진 모든 일들은 그 안에서 벌어진다.[84]

난 이렇게 연장된 현재를 "의식의 두터운 순간"이라고 불렀다. 하지만 나티카 뉴턴이 나아가 보게 된 것을 보진 못했었는데, 이런 시간적인 두터움이 답변의 일부가 되기도 하지만 문제의 일부이기도 하다는 것 말이다. 그녀가 새롭게 찾아낸 흥미로운 아이디어는 이것이다. 말로 표현할 수 없다는 것은 차치하고라도, 우리가 우리의 마음을 의식의 특별한 특질로 다가서게 할 수 없는 정확한 이유는 "연장된 현재"라는 노선이 상식적으로 생각해볼 때 말이 되지 않기 때문이라는 것이다. 요인 X가 가진 바로 그 본성 때문에 X는 "분석적으로도, 명시적으로도, 상대적으로도 정의할 수 없다."[85]

수학자인 프랭크 램지(Frank Ramsey, 내가 가진 동력학 교과서의 저자인 A. S. 램지의 아들)가 외워둘 만큼 재치 있게 말했듯이 말이다. "우리가 말로 할 수 없는 것은 말할 수 없으며, 또한 그걸 휘파람으로도 불 수 없다."[86]

하지만 잠깐. 이것은 우리의 철학자들이 전술상 완전히 잘못 본 것이지 않을까? 우리가 휘파람으로도 불 수 없다는 것이 정말로 그렇게 명백한 것일까? 불 수 있을지도 모른다. 완벽한 과학적 답변은 아니라 해도 적어도 새로운 전망이나 새로운 은유가 가능할 만큼 우리가 주의를 기울여 현상적 경험의 본성에 도달할 수 있게 해주는 비언어적인(nonverbal) 방법이 실제로 있을지도 모른다.

내가 앞서 인용한 구절에서 헬렌 벤들러가 이야기했듯이 시는 그것이 가지고 있는 명제적 내용 그 이상이다. 게다가 미술, 음악이나 그 밖의 다른 예술에 대해서도 마찬가지로 참일 것이다. 실제로 19세기의 철학자인 헨리 시지윅(Henry Sidgwick)은 하나의 예술작품이 가지고 있는 본질적인 특질은 항상 말로 표현할 수 있는 수준을 넘어선다고 주장했다. "감동을 주는 하나의 예술작품에서 그 감동이 무엇에서 기인하는지 요소들 사이의 객관적인 관계에 대해 일반적인 용어로 아무리 상세히 설명한다 해도, 그와 유사한 요소들로 우리가 설명한 대로 만든 작품이 전혀 감동을 주지 못할 수도 있다고 언제나 인정하지 않을 수 없다."[87]

그림이 된다는 것은 무엇과 비슷한가? 무슨 질문이 이런가. 답변은 [비슷한 것이] '별로 없다'일 수밖에 없다. 그래도 그런 질문을 하는 이유는 아마도 어떤 미술작품들이 어떤 특별한 방식으로 "뭔가와 유사"하다는 특징을 가지고 있을지도 모른다는 생각을 떠올리게 하기 위해서인데, 그 뭔가도 또한 말로 포착하기가 매우 어렵다.

잠시 이런 생각을 여러 모로 활용해보기로 하자. 하나의 예술작품과 "하나의 감각" 사이에 유사한 점이 있다고 가정해보면 어디로 이르게 될까? 자, 우선 우리는 현상적 경험의 본성을 탐구하기 위한 분석적인 방법으로 일상적인 언어 대신 예술적인 방법과 매체를 사용하길 원하게 될지 모른다. 그것은 일부 예술가들이 꽤나 의도적으로 추구하고 있는 일이기도 하다.

현대 예술가들 중에서는 화가 브리짓 라일리가 아마도 가장 진지하게 이런 일을 하고 있다고 봐야겠다. 라일리는 위대한 감각의 여사제라고 불려도 될 텐데, "감각의 이중적 영역"을 드러내놓고 인정하는 예술가로서, 우리가 2장에서 논의했던 감각과 지각 사이의 차이를 자신의 비전의 핵심에 놓고 있다. 라일리는 외부세계를 비인격적인 사실로서 자신이 지각한 대로 표상하는 데에는 관심이 없다. 그녀는 외부세계가 그녀—그녀의 눈, 그녀의 신체—에게 어떻게 영향을 미치는지 보여주기만을 원할 뿐이다.

> 내가 저 바깥에 자연으로 나가면 나는 뭔가를 찾아다니거나 사물을 바라보지는 않는다. 나는 검열을 하거나 식별하지 않은 채 감각들을 흡수하려고 노력한다. 난 그 감각들이 어떤 특정한 자신만의 수준에서 있는 그대로 내 눈에 난 구멍들을 통해 들어오길 바란다. (……) 나는 감각을 받아들이려 노력하며, 필요한 관계들만을 가지고 하나의 유연한 직물을 만들어내는데, 그 직물은 그것이 불러일으키는 감각을 수용한다는 것 이외에는 아무런 존재의 이유(raison d'être)가 없는 것이다.[88]

그녀는 적당한 말을 찾으려 분투하고 있지만, 완벽하게 성공적이진 않다. 하지만 그녀의 그림 자체가 그녀가 의미하는 바가 무엇인지 우리가 이해할 수 있게 도와준다. 바라보고, 주의 깊게 듣고, 다시 바라본 다음 내가 해석한 것을 당신에게 들려주자면 이렇다. 라일리가 말하고자 한, 그리고 그녀가 그림 속에서 보다 효과적으로 구현해낸 아이디어는 바로 감각이 "뭔가와 유사"하다는 것의 핵심이 실제로는 시간 속에서 그림 자체와 유사해지는 경험에 놓여 있다는 것이다.

카페 테이블에 앉은 채 인터뷰 진행자에게 라일리는 "빛을 느끼세요."라고 말한다. "아뇨, 그것에 대해 생각하지 마시고, 저 밖

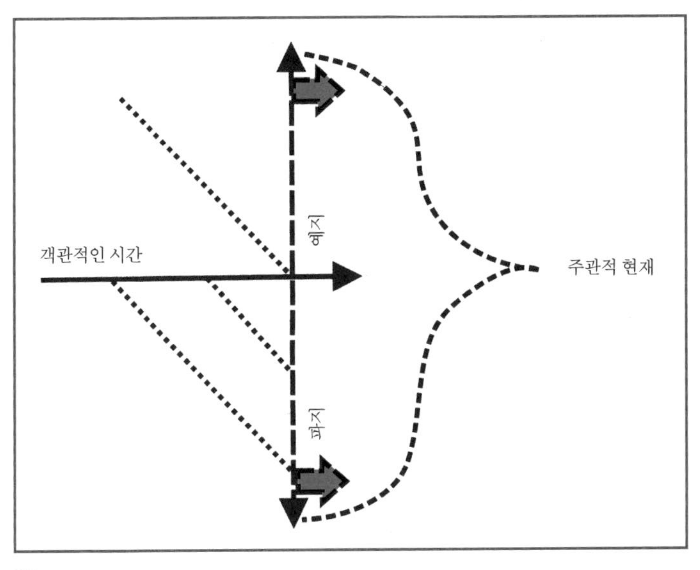

24

에 무엇이 있는지도 생각하지 마세요. 다만 당신의 눈에서 이 순간을 느끼세요." 그리고 그 순간을 표상하기 위해 그녀가 창조해낸 그림—단색으로 칠한 다이아몬드가 반복되어 있는 그림—은 자기유사성(self-similarity)과 운율(rhyme)로 가득 차 있다. 기이한 방식으로 그 그림은 그 순간처럼, 그림 자체에 대한 것이다.

라일리는 추상적인 인상파 화가로 알려져 있다. 물론 그녀도 전통을 이어받은 것이다. 그녀보다 한 세기 앞서, 자연적 인상주의(natural impressionism)의 창시자인 클로드 모네(Claude Monet)는 다분히 철학적이라 할 수 있는 똑같은 문제에 도전했다. 모네는 매우 다른 기법을 사용했는데, 두터운 붓으로 다층적인 채색을 하면서 여러 캔버스에 같은 대상을 반복해서 그렸는데, 거의 강박적으로 현재 시제의 경험이 갖는 독특한 특질을 포착하려고 시도한 것이다.

1891년에 쓴 편지에서 모네는 다음과 같이 말했다. "일련의 서로 다른 효과를 가지고 분투해가며 열심히 노력하고 있습니다. (……) 계속 하면 할수록 알게 되는 것은 제가 추구하는 '순간성(instantaneity)'을 성공적으로 만들어내기 위해서는 더 많은 일을 해야 하리라는 것입니다."[89]

루앙 대성당을 시리즈로 그려낸 모네의 그림에 대해 논하면서 요하임 피사로(Joachim Pissarro)는 다음과 같이 기술했다.

> 모네는 자신의 시리즈로 된 그림에서 모든 내러티브를 제거하고 각각의 그림이 하나의 특정 시점을 표상하도록 축소시켜, 그 전과 그 이후엔 무슨 일이 벌어졌는지를 배제시켰다. (……) 각각의 그림은 모네의 눈에 비친 대로 성당 정면에서 "순간적으로" 벌어진 어떤 "효과"를 즉각적으로 본 것에 해당한다. 성당을 그린 거의 모든 그림이 시계를 중심에 놓고 있는 것이 순전한 우연의 일치는 아닐 것인데, 아이러니하게도 시간의 우여곡절이 만들어낸 희생자인 그 시계는 마침내 벽에서 떨어져 더 이상은 보이지 않는다. 모네가 그린 성당 그림들 중 단 하나의 그림만으로는 "이전", "이후", "아직", "이미"는 발견할 수가 없다.

각각의 그림은 시계에 표시된 시각에 해당하는 "바로 지금(right now)"을 묘사하고 있지만, 모네는 그것마저도 일부러 흐릿하게 만들었다.[90]

하지만 (라일리도 함께 묶어서 볼 때) 모네의 구상이 정말로 그렇게 독창적이거나 아니면 적어도 하나의 철학적 관념으로서 뚜렷하게 다른 것인가? 예술가가 있어야만 우리에게 그것을 알려줄 수 있나? 뉴턴이나 나 이외에도 여러 저술가들이 과거, 현재, 미래가 어떤 방식으로 합쳐진 일종의 시간의 바구니(temporal basket)로서의 "연장된 주관적 현재"가 존재한다고 주장해왔다. 에드문트 후설은 즉각적인 "근원인상(primal impression)"([그림24]를 보라)을 포괄하는 현재를 예지(protention)와 파지(retention)의 조합이라 보는 견해로 가장 잘 알려진 사람이고, 이런 생각을 가지고 한 편의 소설 『서늘한 광채(*Radiant Cool*)』를 쓴 댄 로이드(Dan Lloyd)야말로 가장 모험심이 강한 사람이리라.[91]

하지만 우리는 모네가 실제로 다르다는 것을 이해해야만 한다. 후설을 추종하는 작가들(예를 들어 뉴턴과 로이드)이 주관적인 현재라는 말로 의미했던 것과 대조해서 구별할 때 모네가 추구했던 것이 훨씬 급진적이다.

과거와 미래로부터 빌려오기(borrowing)라는 후설 추종자들의 견해는 꽤나 전통적인 것이라 간주할 수 있다. 루이 마랭(Louis Marin)이 지적했듯이, 고전적인 역사화를 그리는 화가에게 "그 이야기를 관객이 보고 이해할 수 있게, 즉 '읽어내게' 할 수 있는 단 한 가지 방법은 그가 핵심적으로 표상한 순간의 주변에 그것과 논리적으로 연결되어 있는 다양한 상황들을 함축이나 추정을 통해 분포시키는 것이다."[92] 그리고 이것이 바로 우리의 마음이 전형적으로 작동하는 방식이다. 블레즈 파스칼(Blaise Pascal)은 "우리는 절대 현재로만 한정하지 않는다. 우리는 미래가 너무 천천히 다가온다고 느끼면서 서둘러 미래가 다가오게 하기 위해 애쓰듯 미래를 기대하거나, 너무나도 빨리 지나쳐가기에 머물러 있게 하려는 듯 과거를 회상한다. 우리는 너무도 어리석어서 우리에게 귀속되지 않는 시간 속에서 방황하며, 우리에게 귀속되는 유일한 시간에 대해서는 생각하지도 않는다."[93]라고 불평한다.

그러나 모네는 이런 전통을 통째로 무너뜨렸다. 모네는 "예지"나 "파지"에는 정말 아무런 관심이 없으며, 오직 "지금(now)"만을 원한다. 불멸의 현재가 실제 어떤 모습인지 묘사하고자 노력하고 있기에, 미래와 과거는 아무런 쓸모가 없다. 따라서 모네는 의식적 감각의 두툼한 순간에 우리가 과거와 현재와 미래를 섞고 있다기보다는 오히려 단 하나의 순간만을 취하여 그것을 있는 그대로 붙들고 있으며, 결과적으로 각각의 순간을 실제 벌어지고 있는 것보다 더 길게 일어나는 것처럼 경험하게 된다고 주장하는 듯하다.

나는 이것을 [그림25]에 다이어그램으로 표현하려고 해보았다. 각각의 "순간적 효과"는 물리적인 순간보다 오래 지속되는데, 주관적인 시간의 차원에 붙들려 천천히 사라지지만, 그다음 효과

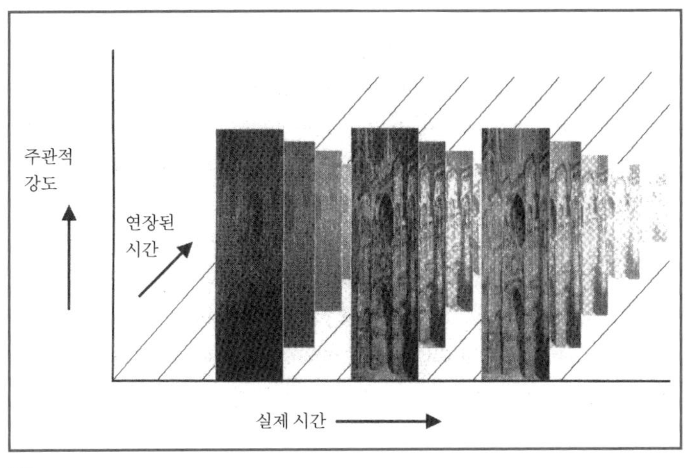

25

로부터는 분리된 채로 남아 있다. 이 다이어그램이 그런 생각을 제대로 표현한 것인지는 확신하지 못하겠다. 그것을 말로 할 수 없다면 그것을 2차원 또는 심지어 3차원으로도 쉽게 그려낼 수 없다(하지만 이것이 하나의 심리적 장애물이 될 것이라고 걱정할 필요는 없는데, 내 컴퓨터 그래픽 패키지는 그렇지 몰라도 마음[mind]은 차원이 부족하지 않기 때문이다).

자, 이제는 현상적 경험에서 뭐가 그리 특별한지 말해보고자 하는 우리의 과제로 되돌아가보자. 감각의 본성을 전달하고자 하는 예술가들의 노력이 우리 과학에 유용한 통찰을 제공해줄 수 있을까? 은유를 위한 연습으로 다음과 같이 가정해보자. 심신방정식의 오른쪽 변에서 뇌 대신에 라일리나 모네의 그림을 놓게 되면 순간성을 묘사하고자 하는 화가의 기교가 정말 도움이 될까?

난 도움이 될 뿐만 아니라 곧장 그 핵심으로 다가선다고 생각한다. 어느 정도인가 하면 자기유사성, 운율과 시간적인 배증(temporal doubling)이라는 관념을 일단 이해하기만 하면 요인 X에 대한 게임은 거의 끝난 것이나 다름없다고 해야 할 정도다.

거의 그렇다. 하지만 완전히는 아니라고 해야겠다. 왜냐하면 이런 관념들이 안정화될 필요가 절실하다는 점이 너무나도 명백하기 때문이다. 우리가 은유로 제시한 그림으로부터가 아니라 실제 사물인 뇌로부터 왼쪽 변에 있는 감각으로 주저 없이 손을 뻗을 수 있다면 좋을 것이다. 만일 어떤 부류의 역설적인 시간적 두터움이 정말로 감각 경험을 특징짓는 것이라면, 뇌 활동에 대한 우리의 모형에서 그것과 대응할 만한 적절한 것으로 어떤 것이 있을까? 뇌는 그림이 아니다. 하지만 뇌가 그림과 유사한 일을 하는가?

출발점이 달랐던 다수의 이론가들은 의식의 특별한 특질로 다가서는 열쇠가 뇌 속에 있는 "재유입 회로(re-entrant circuit)"에 있다는 예감을 실제로 가지고 있었는데, 이 회로는 스스로에게 되돌아오는 신경활성으로서 일종의 자기공명(self-resonance)을 창조하게 된다.[94] 하지만 어떻게 이것이 우리가 앞에서 제시한 모형과 관련될 수 있을까? 어떻게 은밀한 신체적 표출로부터 재유입하는 피드백을 얻을 수 있나? 공교롭게도 우리가 4장에서 원시적인 "수용이나 거부의 꿈틀거림"의 역사라며 우리가 그려냈던 진화 이야기가 완벽하게 그 토대를 마련해주었다고 주장해도 되리라

본다.

그 이야기의 마지막 단계를 반복해보자. 우리는 감각반응이 생물학적으로 불필요한 것이 되었을 때 그 감각반응이 사유화 된다고 주장했다. 명령신호가 신체 표면까지 닿지 않도록 짧아져 결과적으로 자극이 일어난 말초부위까지 가는 대신 자극이 들어오는 경로의 점점 더 안쪽 지점까지만 가게 되고, 마침내 그 모든 과정이 외부세계로부터 유리되어 뇌 안에 있는 내부 고리 안에만 존재하게 된다([그림20]을 다시 보라).

하지만 이것이 피드백 고리를 창조하기 위해 필요한 정확한 조건을 만들어내는 것은 물론이다. 실제로 피드백은 이제까지 계속해서 감각의 특질 중 하나였다. 감각반응이 신체표면에서 실제로 일어나는 꿈틀거림이었던 시절 이래로 계속해서 이 반응은 자신이 반응하는 바로 그 자극을 변조하는 피드백 효과를 가지고 있었다. 하지만 초창기에는 이 피드백 회로가 너무나도 우회하는 것이자 느린 것이어서 어떤 흥미로운 귀결이 없었을 것이다. 하지만 그 반응회로가 내부화되고 그 경로가 아주 짧아지면서 상당할 정도의 반복적인 상호작용이 작동할 수 있는 조건이 마련되었다[그림26].

다시 말해서 감각반응을 일으키는 명령신호들이 자신이 반응하고 있던 바로 그 입력과 제대로 상호작용을 하기 시작했다는 것인데, 그 결과 부분적으로 자기창조적이며 자기지속적이 되었다. 이런 신호들은 여전히 신체표면에서 들어온 입력으로부터 단서를 얻게 되며, 여전히 그 입력으로부터 양식이 결정되지만, 또 다른 수준에서는 그 신호 자체에 대한 신호가 되어버렸으리라.

결국 우리는 운이 좋았던 것으로 보인다! 우리는 뇌 쪽 변에서 갑자기 나타난 뭔가가 경험 쪽 변에서 일종의 시간적 두터움을 뒷받침해줄 보험증이 될 수 있는 가능성을 갖게 됐다. 감각에 대한 우리의 모형은 우리가 희망하는 바로 그 방식으로 요인 X를 전달할 수 있는 것으로 보인다.

한 가지 문제만 빼면 말이다. 적절한 수준의 시간적 두터움을 지지해주는 데 필요할 만큼의 그런 피드백을 유지하기 위해서는 극히 미세한 조정(very fine tuning)이 있어야 하는데, 출력을 입력과 정밀하게 맞춰서 그 고리 안에 있는 신호를 정확하게 알맞은 정도로 강화할 수 있게 해야 한다. 방금 나는 뭔가 훌륭하게 잘 조정된 어떤 것이 "갑자기 나타날" 가능성이 있다고 적었다. 하지만 우리는 정말 이것을 설명하기 위해 "창발(emergence)"에 의지하길 원하는 것일까?

[그림26]은 내 책 『마음의 역사(*A History of the Mind*)』로부터 가져왔다. 그 책에서는 이 문제를 생략했음을 고백한다. 나는 일단 감각반응 회로가 실제로 지속적인 피드백을 뒷받침할 때까지 진화하게 되면 그 나머지는 단순하게 당연한 일처럼 뒤따르게 된다고 암시했었다. 하지만 진실을 보자면 그런 일이 저절로 일어날 가능성은 거의 없다. 사실 그런 일은 그런 일이 일어나도록 고안되어야 나타나며, 이것은 아마도 자연선택에 의해 고안되어야 한다는 것을 의미하는 것임에 틀림없다.

하지만 어째서 그런가? 의식의 두터움을 초래하게 될 피드백

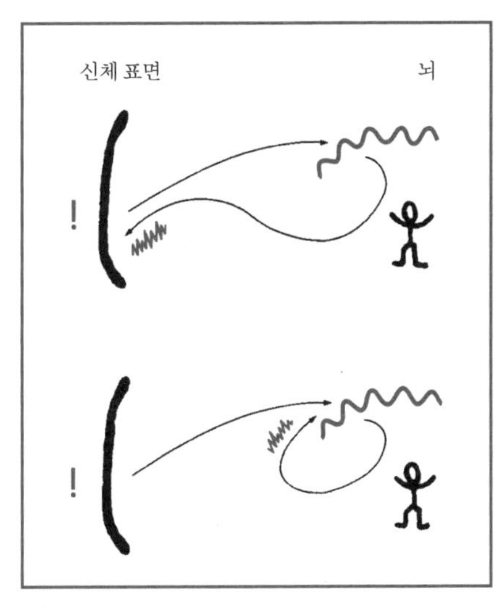

26

이 가질 이득—기능적, 생물학적 수익—은 대체 무엇일까? 그에 대한 논의로 곧장 뛰어들기로 하자. 내 생각에 그 이득은 주체에게 자아에 대해 꽤나 새로운 감응을 준다는 데 있다. 그것이 주체를 좀비왕국으로부터 끌어올리게 된다.

2장에서 나는 프레게가 자아에 대해 한 말에 주의를 기울이도록 했다. "고통, 기분, 소망 등이 그것을 소유한 사람이 없이 독립적으로 세상을 떠돌아다닌다는 것은 터무니없어 보인다. 피경험자가 없는 경험이란 불가능하다. 내적 세계는 그것이 자신의 내적 세계인 사람을 상정하게 마련이다." 우리가 주목했듯 프레게의 논점은 이것이다. 경험의 주체를 갖기 전까지는 경험하지 못한다. 하지만 내가 강조한 논점은 이것의 반명제(혹은 당연한 귀결이)다. 당신은 경험을 갖게 될 때까지 경험의 주체일 수 없다. 다시 말해서 주체는 자신이 주체가 되는 그 무언가를 가져야만 한다.

이제 내가 이미 가게 되리라고 암시했던 그 길로 따라가보자. 내 생각엔 이 두 번째 논점은 프레게의 논점만큼이나 논리적일뿐만 아니라 인간적인 수준에서는 훨씬 더 중요하다. 왜냐하면 그것에 대해 숙고해본 누구에게든지 이 논점은 "나는 이러저러한 경험을 가지고 있고, 그리고 나는 존재한다."라는 상대적으로 재미없는 분석적인 결론을 뛰어넘어, "나는 이러저러한 경험을 가지고 있기 때문에 존재한다."라는 잠재적으로 경이로운 폭로(revelation)로 이어지도록 하기 때문이다. 대부분의 사람들—사람이 아니거나 사람 이전의 동물들은 제외하고—이 이러한 발견을 명백하게 표명하리라고 암시하려는 것은 아니다. 그렇지만 어떻게 알게 되었든 "이것이 바로 나라는 것이 갖는 의미야!"라는 폭로는 분명 헤드라인 뉴스거리가 되(거나 될 수 있)는데, 왜냐하면 이것은 새로운 형태의 자기관심과 자기존중을 불러올 잠재력을 가진 어떤 것이기 때문이다.

이제 따라오게 될 질문은 이것이다. 주체는 반드시 무언가의 주체여야 한다는 것을 받아들인다면, 도대체 어떤 종류의 것이 그 일을 담당하고 있는 것인가? 모든 경험이 동등한 가치를 가지는 것은 아니며, 적어도 이 역할에서는 동등하지가 않다. 실제로 나는 자연에서 벌어지는 대부분의 후보 경험들이 그 요구조건에 들어맞지 않는다고 말하고 싶은데, 단지 이 후보 경험들은 자아의 존재를 지탱해주기 위해 필요한 것을 제공해줄 수 있는 실체(substance), 즉 정신의 무게(psychic weight)를 갖지 않을 것이기 때문이다.

그렇다면 대체 무엇이 필요한가? 주체가 자랑스럽게 뭔가의 주체가 될 수 있게 해주는 경험이 되기 위해 필요한 것은 무엇인가? 난 그 대답이 우리가 방금 감각 경험의 핵심이 되는 것으로 파악한 바로 그 특징이라 믿는데, 바로 두터운 시간 속에 존재함과 부합하는 실체성(substantiality)이다.

그 핵심에 이것(이러한 실체성—옮긴이)을 가지고 있는 자아는 무시할 수 없는 자아이자 가질 만한 가치가 있는 자아다. 그런 자아는 자연선택의 잠재력으로 가득 차 있을 것이라서, 결국은 각 개인의 정신적인 삶을 조직하는 원리가 될 수 있다. 그리고 그 이득은 말할 필요도 없다. 매우 주목할 만한 무엇의 주체로서의 인간은 자기 자신의 개인적 생존에 새로운 확신과 관심을 획득하게 된다. 그에 덧붙여—아니 훨씬 더 중요할지도 모르는 것은—사람들은 다른 사람들 안에 들어 있는 의식적인 자아 됨에도 역시 가치를 부여하게 된다.

하지만 그게 끝이 아니다. 토머스 클라크(Thomas Clark)는 어떻게 의식이 어느 한 사람이 가진 형이상학적인 자기가치(metaphysical self-worth)를 부풀릴 수밖에 없는지 이야기한 바 있다. "자아와 자아의 경험이 그저 육체적인 것에 불과할 리가 없다는 강한 직관이 포함된 자아, 세상 모형을 불가피하게 만들어내는 의식과 상관관계를 보이는 것으로 알려진 높은 수준의 인지적 과정들이 적절하게 조직화된 세계의 일부에 불과할 리가 없다. 의식을 만족스럽게 설명하는 것은 그런 직관을 극복하는 데에 달려있으며, 경험을 자연의 물리적인 영역에 위치시키는 것에 달려 있다."[95]

여기서 클라크는 "심신 이원성"에 대한 신념이란 일종의 인지적 환상으로, 경험의 본성에 대해 반추하다보니 생겨난 우연한—그리고 부적합할 수도 있는—부산물로서 "불가피하게" 갑자기 나타나게 되는 어떤 것이라 제안하는 듯하다. 우리가 반드시 "극복"하려고 노력해야 할 실수(mistake). 아마도 그것이 일종의 착각이라고 말한 점에서는 그가 맞다. 그리고 사실에 대한 반추로부터 무척이나 "불가피하게" 갑자기 나타나게 된다고 말한 점에 있어서도 그가 옳을 가능성이 높다. 하지만 그것을 너무 성급하게 실수라고 판정하진 말도록 하자.

난 그와 반대되는 의견을 내놓겠다. 심신 이원성에 대한 신념은 적어도 "우연한" 것은 아닐지 모른다고 감히 말하겠다.

이 넓은 세상에는 두 가지 종류의 "착각"이 있다. 우연한 착각과 고안된 착각 말이다. 운이 나빠서 사물을 잘못 알아차리는 경우도 있고, 우리가 고의로 만들어진 속임수의 피해자가 되는 경우도 있다. 예를 들어 물에 잠긴 막대기가 휘어 보이거나 열차가 지나갈 때 우리가 움직이는 것처럼 생각되는 것은 운이 나쁜 경우에 해당한다. 우리가 가진 정보가 부정확하거나 불완전한 상황일 때 우리는 추론의 규칙을 적용하고 있다. 여기서는 아무도 우리를 착각하게 만들려고 시도하고 있진 않다.

하지만 무대에 선 마술사가 금속 숟가락을 만지지도 않고 휘게 하거나, 심령술사의 교령회에서 탁자가 떠오르는 것처럼 느껴질 때, 그것은 의도적인 속임수의 문제다. 여기서도 우리는 가지고 있는 정보가 부정확하거나 불완전한 그런 상황일 때 추론의 규칙을 적용하고 있다. 하지만 이번에는 우리가 잘못 알아차리게 하길 원하는 그런 마술사가 있다.

그렇다면 이제 심신 이원성은 어떤 종류의 착각인가? 유물론 철학자들 사이에서의 일반적인 견해는 그것이 첫 번째 종류, 즉 (유감스럽지만) 정직한 오류(error)[96]라고 항상 봐왔다. 하지만 만일에 그것이 두 번째 종류, 즉 의도적인 속임수라면 어쩔 것인가!

그럴 수 있을까? 당연히 그 뒤에 숨어 있는 마술사로서의 역할을 하고 있는 어떤 능동적인 대행물이 있어야만 그렇다. 하지만 누가 혹은 무엇이 이런 일을 한단 말인가? 그리고 개개의 사람들이 비육체적인 영혼이 있다고 믿게 만들면 어떤 이득을 얻게 되나?

즉각적이지만 도움이 되지 않는 답변은 그것이 자기망상의 한 가지 사례이기 때문에 그 마술사는 그 주체 자신의 뇌 속에 놓여 있으리라는 것이다. 좀 더 흥미로운 답변은 뇌가 유전자들에 의해 고안되었기 때문에 그 마술사는 바로 주체의 유전자들이라는 것이다. 하지만 그런 경우라면 그 궁극적인 답변은 이것일 수밖에 없다. 그 마술사는 자연선택을 통해 작동하고 있는 자연 그 자체다.

인간 진화의 상대적으로 최근 단계에서 의식의 두터운 순간이 이미 자아를 위한 닻으로 확실하게 자리를 잡고 난 후에, 변형된 유전자들이 나타나 의식적인 자아를 좀 더 비틀어 인간으로 하여금 자기 자신의 본성에 대한 하나의 과장된 거창한 견해를 형성하게 만든다고 가정하자. 다시 말해 클라크의 말처럼 "자아와 자아의 경험"이 "적절하게 조직화된 세계의 일부에 불과"하며 앞으로도 계속 그럴 것인 반면, 이 일부의 세계는 정밀하게 다시 조직화되어 "이 세상으로부터 벗어난" 특질이라는 인상을 주체에게 주게 된다고 가정하자. 그렇게 되면 깊은 인상을 받은 개인들, 즉 착각에 속아 넘어간 그런 사람들이 더 오래 살고 더 생산적인 삶을 산다고 가정해보자.

그럴 수 있을까? 당신이 이 최종 가설 때문에 이 책에서 받아들일 만한 좋은 아이디어라 했던 모든 것들이 무색해지도록 하지 않을 것만 약속한다면, 나는 눈 딱 감고 이렇게 이야기하겠다. 그럴 수 있으며 실제 그렇다고 생각하고 있다고 말이다. 실제로 내 생각은 이렇다. 일단 그걸 볼 수 있는 눈만 있다면, 심신 이원성이 주목할 만한 새로운 생물학적인 적응으로서 인간 자연사의 매 고비마다 작동했음을 쉽게 알게 된다고.

재차 말해서 차이를 만들어내고 있는 것—살아 있는 것들 중에서 독특하게도 인간을 성공하고자 하는 야망을 갖게 하며, 자신과 자신의 후손을 위해 높은 곳을 지향하게 하고, 바로 인간이라고 하는 놀라운 피조물로 만들어주는 것—은 다름 아닌 인간의 강한 신념이다. 인간 영혼으로서 자기 자신은 죽음마저도 뛰어넘어 보존될 수 있는 아주 특별한 뭔가가 있다는 그 신념 말이다.

철학자 토머스 네이글은 이렇게 표현했다. "누군가의 경험에 덧붙여졌을 때 더 잘 살도록 만들어주는 요소들이 있다. 누군가의 경험에 덧붙여졌을 때 더 못 살게 만들어주는 다른 요소들도 있다. 하지만 이런 것들을 옆에 치워놓았을 때 남아 있는 것이 중립적인 것에 불과하지는 않다. 그것은 확실하게 긍정적인 것이다. (……) 그 덧붙여진 긍정적인 무게는 경험의 내용보다는 오히려 경험 그 자체가 제공하고 있다."[97]

그가 옳다. 하지만 일반적인 도덕철학자들과 마찬가지로 그도 그 진화적 배경은 들여다보지 않고 있기 때문에 그는 자신이 왜 옳은지를 모르고 있다.

7

서두에서 말했듯이 이 책에서 내 프로젝트는 단지 어째서 의식이 중요한지에 대한 설명에 접근해가는 것이다. 새로운 답변이 마침내 파도 위로 모습을 드러내어 일단 땅에 발을 디뎠다. 의식이 중요한 이유는 중요하다는 것이 그것의 기능이기 때문이다. 의식은 사람들에게 자신의 삶이 추구할 가치가 있다고 보게 만들 자아를 만들어내도록 고안되었다.

우선, 그 자아는 현상적으로 두터우면서 실체적인 것으로서 우리를 위해 거기에 존재한다. 그리고 거기 있다는 것은 거기 있지 않다는 것보다 크게 진보한 것이다. 시간적으로 두터운 자아는 풍요롭고 주관적인 삶을 만들어나갈 토대이다. 하지만 인간에게는 의식이 훨씬 더 나아가는 것이 무척이나 당연하다. 왜냐하면 어떻게 해서 이르게 되었든 정신적인 존재라고 하는 하나의 상이한 우주에 살게 된 자아를 우리가 갖게 되었기 때문이다. 그리고 이것은 색다른 것이다.

내 생각은 이렇다. 인간 진화의 과정에서 자신의 의식을 형이상학적으로 주목할 만하다고—정상적인 시공간의 바깥에 존재하고 있다고—생각한 우리의 선조들은 자아로서 스스로를 더욱 더 진지하게 대했을 것이다. 의식의 특질이 신비스럽고 속세를 벗어난 것처럼 보일수록 그 자아는 더욱 심각하게 중요해진다. 자아가 점점 중요해질수록 인간의 자신감과 자기중요성이 더욱 부풀려지며 각각의 사람들은 자기 자신이나 타인의 삶에 더 큰 가치를 부여하게 된다.

그럴 경우, 의식을 더욱 신비스럽고도 마술적으로 보이게 만드는 의식의 바로 그 특질들이 의식을 걷잡을 수 없는 진화적 성공의 하나가 되게 만든 사례가 되었을 것이다. 실제로 이런 특질들을 곧 고안하여 갖게 됐다.

자기 자신의—그리고 그들이 파악하고 있듯 다른 사람들의—이해부족 속에서 긍정적인 유희를 벌이고 있는 비평가들의 합창을 다시 들어보자.

> 의식은 매혹적이지만 규정하기 힘든 현상이다. 의식이 무엇이며, 무엇을 하고, 어째서 진화하게 되었는지를 구체적으로 명시하는 것은 불가능하다. 이제까지 의식에 관해 쓰인 것 중 읽어볼 만한 가치가 있는 것은 하나도 없다.[98]

> 어떻게 물질적인 어떤 것이 의식적일 수 있는지에 대해 최소한의 생각이나마 가진 사람도 존재하지 않는다. 어떻게 물질적인 어떤 것이 의식적일 수 있는지에 대해 최소한의 생각이나마 가졌다는 것이 무엇과 비슷한 것인지조차 아무도 모르고 있다.[99]

> [뇌가] [현상적인] 의식을 낳기에는 잘못된 종류의 것이라는 점이 (……) 당신에겐 너무나도 자명하지 않은가. 차라리 숫자는 비스킷에서 나오고, 윤리는 사람들이 모여 웅성거리는 소리에서 나온다고 주장하는 편이 더 낫다.[100]

내가 떠나면서 당신—그리고 듣고 있다면 저 비평가들—에게 들려줄 답변은 이것이다. 그래, 바로 그게 중요해!

조 킹은 사후에 자신에게 무슨 일이 벌어질 것인지 근심하면서 자신의 시든 몸에서 탈출할 희망을 묻는 편지를 썼다. 난 최선을 다해 다음과 같이 답장을 보냈다.

> 조에게,
> 당신은 제게 뇌가 죽은 다음에도 의식이 살아남을 수 있다고 생각하느냐고 물었습니다. 할 수 있는 질문 중에서 가장 자연스러운 질문입니다. 우리 인간은 그 질문을 하도록 만들어졌다고 생각합니다. 저는 심지어 우리가 그 질문을 하면서 더 나은 사람이 된다고 생각하기도 합니다. 하지만 과학자로서 제 솔직한 답변은 '절대 그럴 리가 없다'입니다. 의식은 우리가 우리의 뇌로 하고 있는 어떤 것입니다.
> 이것은 좋은 소식이자 나쁜 소식이기도 합니다. 나쁜 소식은 자명합니다. 좋은 소식이라면 당신도 이미 알고 있는 것처럼 의식의 각 순간들이 너무나도 소중하다는 것입니다. 알베르 카뮈(Albert Camus)는 "끊임없이 의식적인 영혼 앞에 현재와 현재의 연속은 부조리한 인간의 이상이다."[101] 라고 적었습니다. 하지만 카뮈의 "부조리한 인간"은 영웅적이면서 동시에 현명합니다. 그 사람은 우리가 영원이라는 넓은 바다를 여행할 수가 없다면, 우리가 현재 딛고 선

> 섬이 더욱 중요하다는 것을 깨닫고 있습니다.
>
> 전 봄에 하버드대학교에서 ‹빨강 보기(*Seeing Red*)›라는 강연을 할 예정입니다. 당신이 그곳에 올 수 있다면 좋겠습니다. 음악가인 당신은 제가 의식적 감각과 예술작품 사이에서 이끌어내는 비유를 감상하실 수 있다고 생각합니다.

나는 조 킹에게 제라드 맨리 홉킨스(Gerard Manley Hopkins)가 쓴 말해야 할 모든 것을 담고 있는 시—반영, 운율, 공명, 자아, 자기표현과 행위에 관한 시—도 함께 보냈다. 난 감히 이것을 읽지도 못하겠다.

> 물총새가 불이 붙자 잠자리들이 불꽃을 끌어당기네.
> 둥그런 우물 가장자리에 걸려 넘어지자
> 돌들이 울리네. 접어 넣은 줄이 저마다 이야기하듯,
> 　　매달린 종 각자의
> 당겨진 활시위는 자기 이름을 널리 퍼뜨릴 혀가 있다네.
> 수명이 있는 것들 각자는 단 한 가지 같은 일을 하고 있네,
> 각자 머물러 있는 내부에 있는 존재와 씨름하는 일.
> 자아들은 몸소 가네. 나 자신은 말하며 주문을 거네,
> 내가 하는 것이 바로 나라고 소리치네. 그래서 내가
> 　　왔다고.[102]

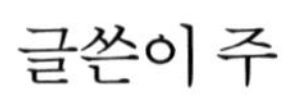

1 토머스 리드가 케임즈 경에 보낸 편지. "Unpublished Letters of Thomas Reid to Lord Kames, 1762-1782", Ian S. Ross (ed.), *Texas Studies in Literature and Language* 7, 1965, pp. 17~65.

2 조 킹이 2003년 11월 17일 나에게 보낸 이메일. 조 킹의 웹 주소는 www.joepking.com이다[2014년 2월 25일 현재 웹사이트는 열려 있지 않다.—옮긴이].

3 Stuart Sutherland, *The International Dictionary of Psychology*, London: Crossland, 1989.

4 Thomas Nagel, *The View from Nowhere*, Oxford: Oxford University Press, 1986, p. 4.

5 Nicholas Humphrey, "Seeing Red: A Study in Consciousness", *Mind/Brain/Behavior Initiative Distinguished Lecture Series*, Cambridge, Mass.: Harvard University, April, 2004. pp. 19~21.

6 Maurice Bowra, *Memories*, 1898-1939, Cambridge, Mass.: Harvard University Press, 1967.

7 Bridget Riley, "Colour for the Painter", Trevor Lamb and Janine Bourriau (eds.), *Colour: Art and Science*, Cambridge: Cambridge University Press, 1995, pp. 31~64, p. 31에서 인용.

8 Helen Vendler, *The Art of Shakespeare's Sonnets*, Cambridge, Mass.: Harvard University Press, 1997, p. 1.

9 Wassily Kandinsky, *Concerning the Spiritual in Art*, 1911, M. T. H. Sadler (trans.), New York: Dover, 1977, p. 1 [『예술에서의 정신적인 것에 대하여』, 권영필 옮김, 열화당, 2000].

10 Nicholas Humphrey and G. R. Keeble, "Effects of Red Light and Loud Noise on the Rate at which Monkeys Sample Their Sensory Environment", *Perception* 7, 1978, pp. 343~348.

11 Nicholas Humphrey, "The Colour Currency of Nature", Tom

Porter and Byron Mikellides (eds.), *Colour for Architecture*, London: Studio-Vista, 1976, pp. 95~98; Nicholas Humphrey, "Colour is the Keyboard", *A History of the Mind*, London: Chatto and Windus, 1982, pp. 38~40; John Gage, *Colour and Culture*, London: Thames and Hudson, 1993.

12 Porter and Mikellides, *The Colour of Architecture*, p. 12.

13 Richard de Villamil, *Newton the Man*, London: Gordon Knox, 1931, pp. 14~16.

14 Nicholas Humphrey, "Interest and Pleasure: Two Determinants of a Monkey's Visual Preferences", *Perception* 1, 1972, pp. 395~416.

15 Peter Meijer, "Seeing with Sound", The vOICe, www.seeingwithsound.com/voice.htm.(2004년에 접속)[2014년 2월 25일 현재 www.seeingwithsound.com에서 vOICe에 대한 설명을 볼 수 있다.—옮긴이].

16 D. K. O'Neill, J. W. Astington, and J. H. Flavell, "Young Children's Understanding of the Role Sensory Experience Plays in Knowledge Acquisition", *Child Development* 63, 1992, pp. 474~490.

17 Alexander Y. Aikhenvald and R. M. W. Dixon (eds.), *Studies in Evidentiality*, Amsterdam: John Benjamins, 2003.

18 Gottlob Frege, "The Thought: A Logical Inquiry", P. F. Strawson (ed.), *Philosophical Logic*, 1918, Oxford: Oxford University Press, 1967, p. 27.

19 바이런 경(Lord Byron)이 애너벨라 밀뱅크(Annabella Milbanke, 이후 바이런 남작부인이 됨)에게 보낸 편지(1813), Benjamin Woolley, *The Bride of Science: Romance, Reason and Byron's*

Daughter, London: MacMillan, 1999, p. 28에서 인용.

20 I. C. McManus, Amanda L. Jones, and Jill Cottrell, "The Aesthetics of Colour", *Perception* 10, 1981, pp. 651~666.

21 Nicholas Humphrey, "The Privatization of Sensation", S. R. Hameroff, A. W. Kaszniak, and D. J. Chalmers (eds.), *Cambridge, Towards a Science of Consciousness III*, Mass.: MIT Press, 1999, pp. 247~258; Nicholas Humphrey, *The Mind Made Flesh*, Oxford: Oxford University Press, 2002, pp. 115~125.

22 '좀비'라는 용어는 일상적인 의미와 더불어 최근의 철학에서는 기술적인 의미를 가지고 있다. 여기서 나는 현상적인 의식을 결여하고 있어 그에 수반하는 속성을 가진 주체를 뜻하기 위해 좀비라는 말을 썼다. 하지만 데이비드 차머스(David Chalmers)와 같은 철학자들은 어떤 수반되는 속성은 없이 그저 현상적 의식만을 결여한 주체의 경우를 뜻하기 위해 쓰고 있어 내 경우와는 다르다. 대니얼 데닛(Daniel Dennett)과 마찬가지로 나는 그런 생각이 앞뒤가 맞지 않는다고 생각한다(Dennett, "The Zombic Hunch: Extinction of an Intuition?", Anthony O'Hear (ed.), *Philosophy at the New Millennium, Royal Institute of Philosophy Supplement 48*, Cambridge: Cambridge University Press, 2001, pp. 27~43). 하지만 앞뒤가 맞지 않아도 이것이 얼마나 매력적인 생각인가 알아차리는 것이 중요하며, 맹시라는 현상이 가령 철학적인 좀비왕국의 상태에 얼마나 근접한 예인가를 알아차리는 것도 중요하다.

23 Stephen Fry, *Liar*, London: Mandarin, 1992, p. 166.

24 Ludwig Wittgenstein, *Philosophical Investigations, Part II*, Oxford: Blackwell, 1958, p. 212 [『철학적 탐구』, 이영철 옮김, 책세상, 2006].

25 Jerry Fodor, "You Can't Argue with a Novel", *London Review of*

Books, 4 March 2004, p. 31.

26 Daniel Dennett, *Kinds of Minds*, New York: Basic Books, 1996, p. 67.

27 Thomas Reid, *Essays on the Intellectual Powers of Man*, part 2, ch. 17 (1785; Cambridge, Mass.: MIT Press, 1969), p. 265.

28 Reid, *Intellectual Powers*, part 2, ch. 16, p. 242.

29 Reid, *Intellectual Powers*, part 2, ch. 16, p. 243.

30 일련의 논문으로 기술되어 있는데, 그 첫째가 N. K. Humphrey and L. Weiskrantz, "Vision in Monkeys after Removal of the Striate Cortex", *Nature* 215, 1967, pp. 595~597이며, Nicholas Humphrey, "Vision in a Monkey without Striate Cortex: A Case Study", *Perception* 3 (1974), pp. 241~255로 끝난다.

31 원숭이의 피질하 시각계(subcortical visual system)에 존재하는 단일 세포들이 시각 자극에 어떻게 반응하는지 연구하면서, 나는 시각피질을 제거한 후에도 온전하게 남아 있는 이 "원시적인" 체계가 정교하게 조절되는 시각 기반 행동을 지원해줄 수 있다는 증거를 발견했다. N. K. Humphrey, "Responses to Visual Stimuli of Single Units in the Superior Colliculus of Rats and Monkeys", *Experimental Neurology* 20, 1968, pp. 312~340.

32 Nicholas Humphrey, "Seeing and Nothingness", *New Scientist* 53, 1972, pp. 682~684.

33 Lawrence Weiskrantz, *Blindsight*, Oxford: Clarendon, 1986.

34 Petra Stoerig and Alan Cowey, "Wavelength Discrimination in Blindsight", *Brain* 115, 1992, pp. 425~444.

35 MacDonald Critchley, *The Parietal Lobes*, London: Hafner, 1966, p. 299.

36 S. Cohen, *Drugs of Hallucination: The Uses and Misuses of LSD*,

London: Secker and Warburg, 1964, p. 16 참고.

37 Stephen M. Kosslyn, 1987. 코슬린은 자신이 이렇게 썼다는 것을 확인했지만, 원래의 출처가 어딘지는 그도 나도 추적할 수가 없었다. 하지만 나중에 쓴 논문에서 코슬린은 같은 의미를 갖는 짧은 관찰을 했다. "이런 환자 중의 일부에서는 물체 식별이 심각하게 교란되지는 않은 것으로 보인다."라고. S. M. Kosslyn, R. A. Flynn, J. B. Amsterdam, and G. Wang, "Components of High-Level Vision: A Cognitive Neuroscience Analysis and Accounts of Neurological Syndromes", *Cognition* 34, 1990, pp. 203~277, p. 263에서 인용.

38 이것은 내가 『마음의 역사(*A History of Mind*)』(London: Chatto and Windus, 1992)에서 제기한 모형의 보다 발전된 버전이다.

39 J. M. Oxbury, S. M. Oxbury, and N. K. Humphrey, "Varieties of Colour Anomia", *Brain* 92, 1969, pp. 847~860.

40 Paul Bach-y-Rita, *Brain Mechanisms in Sensory Substitution*, London: Academic Press, 1972.

41 J. K. O'Regan, E. Myin, and A. Nöe, "Skill, Corporality, and Alerting Capacity in an Account of Sensory Consciousness", http://nivea.psycho.univ-paris5.fr/CONS+COG/CC_OREGABN.htm (2003년 6월에 접속), p. 12 [http://nivea.psycho.univ-paris5.fr/Manuscripts/PBR_50005_reducedsize.pdf, 2014년 2월 25일 접속 가능한 주소—옮긴이].

42 Bach-y-Rita, *Brain Mechanisms*, p. 107.

43 www.seeingwithsound.com/voice.htm.

44 Peter Meijer, "Seeing with Sound for the Blind: Is It Vision?", (presentation, Tucson Conference on Consciousness, 8 April 2002), http://www.seeingwithsound.com/tucson2002.html.

45 Lakshmi Sandhana, "Blind 'See' with Sound," BBC News, http://news.bbc.co.uk/1/hi/sci/tech/3171226.stm 참고 (2003년 10월 13일에 접속).

46 O'Regan, Myin, and Nöe, "Skill, Corporality", p. 12.

47 "What Blind Users Say about the vOICe", The vOICe, www.seeingwithsound.com/voice.htm.

48 Daniel Dennett, "It's Not a Bug, It's a Feature", *Journal of Consciousness Studies* 7, 2000, pp. 25~27, p. 25에서 인용.

49 Colin McGinn, review of "A History of the Mind", *London Review of Books*, 10 October 1992.

50 Robert Van Gulick, "Closing the Gap", *Journal of Consciousness Studies* 7, 2000, pp. 93~97, p. 95에서 인용.

51 Valerie Hardcastle, "Hard Things Made Hard", *Journal of Consciousness Studies* 7, 2000, pp. 51~53, p. 52에서 인용.

52 Peter Rigby, cartoon in *Prospect*, January 2004, p. 45. 작가의 허락하에 재수록.

53 Reid, *Intellectual Powers*, part 2, ch. 17, p. 265.

54 K. Carrie Armel and V. S. Ramachandran, "Projecting Sensations to External Objects: Evidence from Skin Conductance Response", *Proceedings of the Royal Society of London: Biological* 270, 2003, 1499-1506. 그림은 허락하에 재수록.

55 맥도널드 크리츨리(MacDonald Critchley)는 기이한 착각을 기술한 적이 있는데, 그것이 지금은 아마도 이해가 될 것이다. "시각을 담당하는 뇌 부위에 손상이 일어난 후에 색깔과 물체 사이에 주목할 만한 해리(dissociation)가 일어나는 현상이 기술된 바 있다. (……) 색깔이 그 물체의 한정된 영역으로부터 "풀려나서", '물체로부터 색깔이 분리'되는 것으로 여겨진다. (……) 색깔이 더 이상

그 물체에 한정되는 것으로 보이지 않게 됨에 따라 색깔이 주체와 대상 사이의 어느 한 평면을 점유하고 있는 것으로 보인다. (……) 환자가 뭔가를 만지려고 할 때면 그 환자는 마치 자신이 어떤 반투명한 종이를 통과해서 손을 내려놓아야 하는 것처럼 보게 된다." MacDonald Critchley, "Acquired Anomalies of Colour Perception of Central Origin", *Brain* 88, 1965, pp. 711~724, p. 719에서 인용.

56 맹시에 대한 총설논문들로는 다음이 있다. Wieskrantz, *Blindsight*; Petra Stoerig and Alan Cowey, "Blindsight in Man and Monkey", *Brain* 120, 1997, pp. 535~559; Anthony J. Marcel, "Blindsight and Shape Perception: Deficit of Visual Consciousness or of Visual Function?" *Brain* 121, 1998, 1565-1588. 또 다음 각주들에 나오는 특정 참고문헌들도 살펴보라.

57 Petra Stoerig, "Varieties of Vision: From Blind Responses to Conscious Recognition", *Trends in Neurosciences* 19, 1996, pp. 401~406.

58 L. Weiskrantz, "Introduction: Dissociated Issues", A. D. Milner and M. D. Rugg (eds.), *The Neuropsychology of Consciousness*, London: Academic Press, 1991, pp. 1~10, p. 8에서 인용.

59 이 가능성은 다음 논문에서 명쾌하게 제기된 바 있다. Nicholas Humphrey, "Nature's Psychologists", B. Josephson and V. S. Ramachandran (eds.), *Consciousness and the Physical World*, Oxford: Pergamon, 1980, pp. 57~75; reprinted in Nicholas Humphrey, *Consciousness Regained*, Oxford: Oxford University Press, 1983, pp. 29-41.

60 C. Ackroyd, N. K. Humphrey, and E. K. Warrington, "Lasting Effects of Early Blindness: A Case Study", *Quarterly Journal of*

Experimental Psychology 26, 1974, pp. 114~124.

61 같은 책, p. 116.

62 Francis Crick and Christof Koch, "A Framework for Consciousness", *Nature Neuroscience* 6, 2003, pp. 119~126, p. 119에서 인용.

63 John Searle, "Consciousness: What We Still Don't Know", review of The Quest for Consciouness, by Christof Koch, *New York Review of Books*, 13 Jan. 2005, p. 36.

64 이어서 오는 세 개의 단락은 다음의 논문에서 가져왔다. Nicholas Humphrey, "How to Solve the Mind-Body Problem", *Journal of Consciousness Studies* 7, 2000, pp. 5~20.

65 A. S. Ramsey, *Dynamics*, Cambridge: Cambridge University Press, 1954, p. 42.

66 Collin McGinn, "Consciousness and Cosmology: Hyperdualism Ventilated", M. Davies and G. W. Humphreys (eds.), *Consciousness*, Oxford: Blackwell, 1993, pp. 155~177; p. 160에서 인용.

67 Natika Newton, "Emergence and the Uniqueness of Consciousness", *Journal of Consciousness Studies* 8, 2001, pp. 47~59, p. 48에서 인용.

68 이 장에서 이후에 기술되는 내용의 대부분은 다음 저서에서 처음 발표된 바 있다. Nicholas Humphrey, *A History of Mind*, London: Chatto and Windus, 1992. 이 주장은 다음 논문에서 심화된 바 있다. Humphrey, "Mind-Body Problem" (이 논문에서 몇 개의 단락을 가져왔다.) 여기서는 몇 가지 아이디어를 더 추가했다.

69 이어서 나오게 될 이야기에서는 생명체가 세계를 경험하는 방식이 엄청난 시간의 흐름과 다양한 수준의 생물적 구성을 거치더라도 연속성을 유지하리라고 가정하는데, 이것이 생물학적으로는

거의 불가능하리라는 것을 나는 깨닫고 있다. 그래도 여전히, 심지어 이 설명이 실제로 일어났던 일을 글자 그대로 적은 것은 아니라고 인정한다고 해도, 진화과정에선 불가능할만한 연속성이 계속되어 왔음에 주목하기로 하자. 서로 겹치는 유전체에 대해 새롭게 밝혀진 증거들을 살펴보면, 진화 역사상 거대한 격변이 있었고, 심지어는 새롭게 다시 시작하기도 했음에도 꽤나 동떨어진 생명체들 사이에서 같은 유전자가 같은 기능을 계속 유지하고 있다는 것을 보여준다. 예를 들어 초파리에서 눈의 발달을 결정하는 Pax6 유전자는 포유동물에서도 눈의 발달을 결정하는 데에 관여하고 있는데, 초파리의 눈과 포유동물의 눈이 아주 상이한 원리로 만들어져 있는데도 그렇다(만일 생쥐의 Pax6 유전자를 초파리에 주입해서 발현시키면, 이 유전자는 초파리에서 가외의 겹눈을 만들도록 유도한다). 아메바에서 사람에 이르는 감각의 진화와 관련해서 더욱 중요한 논점이라면 린 마굴리스(Lynn Margulis)가 최근에 주장한 것을 들 수 있다. "환경에 있는 신호를 인식하는 우리의 능력은 우리의 박테리아 조상으로부터 직접 진화한 것이다." www.edge.org/q2005/q05_7.html#margulis를 보라.

70 발자국은 케리 카운티의 발렌시아 섬에 있는 해안 절벽 기슭의 이판암에 새겨져 있다. 이 날은 그 지역 어부의 장례식에 온 조문객이 그 발자국들을 우유로 채워 놓았다.

71 Friedrich Nietzsche, *The Gay Science*, 1887, Walter Kaufmann (trans.), New York: Vintage, 1974, p. 298.

72 Friedrich Nietzsche, "Daybreak", *A Nietzsche Reader*, R. J. Hollingdale (ed. and trans.), 1881, Harmondsworth: Penguin, 1977, p. 156.

73 Stephanie D, Preston and Frans B. M. de Waal, "Empathy: Its Ultimate and Proximate Bases", *Behavioral and Brain Sciences* 25,

2002, pp. 1~72.

74 G. Rizzolatti, L. Fogassi, and V. Gallese, "Neurophysiological Mechanisms Underlying the Understanding and Immitation of Action", *Nature Reviews Neuroscience* 2, 2001, pp. 661~670.

75 W. D. Hutchison, K. D. Davis, A. M. Loxzno, R. R. Tasker, and J. O. Dostrovsky, "Pain-Regulated Neurons in the Human Cingulate Cortex", *Nature Neuroscience* 2, 1999, pp. 403~405.

76 어떻게 동작에 대한 거울 뉴런이 감각에 대한 감정이입에 관여할 수 있는지에 대한 의문은 다음 논문에서 제기된 바 있다. Philip L. Jackson, Andrew N. Meltzoff, and Jean Decety, "How Do We Perceive the Pain of Others? A Window into the Neural Processes Involved in Empathy", *Neuroimage* 24, 2005, pp. 771~779. 하지만 이 저자들은 감각을 동작으로 보려는 생각을 하지 못했기 때문에 거울 뉴런이 관여하지 않는다고 다음과 같이 결론을 내린다. "그것은 매일매일 일어나는 감정이입의 상황에서 거울 뉴런의 관여를 제약한다." (p. 777).

77 Adam Smith, *The Theory of Moral Sentiments*, D. Raphael and A. Macfie (eds.), 1759, Oxford: Clarendon, 1976, p. 9 [『도덕감정론』, 박세일 옮김, 비봉출판사, 2009].

78 J. L. Bradshaw and J. B. Mattingley, "Allodynia: A Sensory Analogue of Motor Mirror Neurons in a Hyperesthetic Patient Reporting Instantaneous Discomfort to Another's Perceived Sudden Minor Injury?", *Journal of Neurology, Neurosurgery and Psychiatry* 70, 2001, pp. 135~136; p. 136에서 인용.

79 Michel de Montaigne, *Essays*, J. M. Cohen (ed. and trans.), bk. 1, ch. 1, 1572, Harmondsworth: Penguin, 1958, p. 36.

80 Susanne Langer, *Mind: An Essay on Human Feeling*, Vol. 3, Balti-

more: Johns Hopkins University Press, 1984.

81 하지만 이런 방식으로 감각에 대한 감정이입을 설명하는 것이 모든 종류의 정신적인 상태에 대해서 가능한 것은 아니리라는 점에 주목하자. 감각의 공유를 설명할 수 있는 것은 바로 감각이 주체가 행하는 어떤 것이기 때문인데, S는 레딩을 행한다. 하지만 같은 이유에서 지각이나 신념과 같은 명제적 태도의 공유에 대해서는 작동하지 않을 텐데, 왜냐하면 명제적 태도는 주체가 행하는 것이 아니기 때문으로, S는 스크린이 붉은 색으로 칠해져 있다는 지각을 행하는 것은 아니다. 따라서 우리의 모형은 사람들이 다른 사람의 감각을 손쉽고 자연스럽게 시뮬레이션 한다는 생각을 강력하게 지지해주는 반면, 사람들이 다른 사람의 생각의 세계로 들어가기 위해서는 여전히 어떤 의견(theory)이 필요할 가능성이 높아 보인다.

82 Robert Pirsig, *Zen and the Art of Motorcycle Maintenance*, London: Bodley Head, 1974, p. 13.

83 Natika Newton, "Emergence and the Uniqueness of Consciousness", *Journal of Consciousness Studies* 8, 2001, pp. 47~59, p. 55 에서 인용.

84 Nicholas Humphrey, *A History of the Mind*, London: Chatto and Windus, 1992, p. 170.

85 Natika Newton, "Emergence", p. 51.

86 F. P. Ramsey, "General Propositions and Causality", D. H. Mellor (ed.), *F. P. Ramsey: Philosophical Papers*, Cambridge University Press, 1990, p. 146.

87 Henry Sidgwick, *Methods of Ethics*, London: MacMillan, 1874, p. 190.

88 Bridget Riley: 26 June-28 September 2003, exhibition catalogue,

London: Tate Gallery, 2003, www.tate.org.uk/britain/exhibition/riley.

89 Metropolitan Museum of Art, "European Paintings: Work 1944 of 2307", Works of Art: The Metropolitan Museum of Art, permanent collection catalogue, www.metmuseum.org/Works_Of_Art.

90 Joachim Pissarro, *Monet's Cathedral*, London: Pavilion, 1990, p. 22.

91 후설의 견해를 개관하고 그 현대적 해석을 보고자 한다면 다음의 논문과 소설을 참조하라. Francisco J. Varela, "The Specious Present: A Neurophenomenology of Time Consciousness", J. Petitot, F. J. Varela, J-M. Roy, and B. Pachoud (eds.), *Naturalizing Phenomenology: Issues in Comtemporary Phenomenology and Cognitive Science*, Stanford: Stanford University Press, 1999, pp. 266~314; Dan Lloyd, *Radiant Cool*, Cambridge, Mass.: Bradford, 2003 [『서늘한 광채』, 강동화 옮김, 예담, 2009].

92 Louis Marin, *Towards a Theory of Reading*, Cambridge: Calligram, 1988, p. 67.

93 Blaise Pascal, *Pensées*, A. J. Krailsheimer (trans.), 1669, Harmondsworth: Penguin, 1966, 1.47 [『팡세』, 이환 옮김, 민음사, 2003].

94 총설로 다음을 보라. Daniel A. Pollen, "On the Neural Correlates of Visual Perception", *Cerebral Cortex* 9, 1999, pp. 4~19; Daniel A. Pollen, "Explicit Neural Representations, Recursive Neural Networks and Conscious Visual Perception", *Cerebral Cortex* 13, 2003, pp. 807~814; Varela, "Specious Present"; Lloyd, *Radiant Cool*.

95 Thomas W. Clark, "Function and Phenomenology: Closing the Explanatory Gap", *Journal of Consciousness Studies* 2, 1995, pp. 241~254, p. 254에서 인용.

96 대니얼 데닛은 신비주의자인 동료들이 의식을 원칙적으로는 그것과 분리될 수 있는 마음에 덧붙여진 일종의 기능을 하지 않는 부가물이라고 상상하는 것을 안타깝게 여겼지만, 이런 실수는 이해할 만하며, 수정가능하다고 암시했다. Dennett, "The Zombic Hunch: Extinction of an Intuition?", Anthony O'Hear (ed.), *Philosophy at the New Millenium, Royal Institutue of Philosophy Supplement* 48, Cambridge: Cambridge University Press, 2001, pp. 27~43을 보라.

97 Thomas Nagel, *Moral Questions*, Cambridge: Cambridge University Press, 1979, p. 2.

98 Stuart Sutherland, *The International Dictionary of Psychology*, London: Crossroad, 1989.

99 Jerry Fodor, "The Big Idea: Can There Be a Science of Mind?", *Times Literacy Supplement* 3, July 1992, p. 5

100 Colin McGinn, "Consciousness and Cosmology: Hyperdualism Ventilated", M. Davies and G. W. Humphreys (eds.), *Consciousness*, Oxford; Blackwell, 1993, pp. 155~177.

101 Albert Camus, *The Myth of Sisyphus*, Justin O'Brien (trans.), 1942, New York: Knopf, 1955, p. 63 [『시지프 신화』, 김화영 옮김, 책세상, 1997].

102 G. M. Hopkins, "As Kingfishers Catch Fire", *Poems*, London: Humphrey Milford, 1918.

감사의 말

존 메이너드 케인스는 (자신의 저서 『일반이론(*General Theory*)』의 서론에) 다음과 같이 썼다. "혼자서 너무 오래 생각하면 일시적으로 얼마나 멍청한 것들을 믿게 되는지 참으로 놀랍다."라고. 이 책에서 다룬 여러 중심적인 구상들을 나 혼자서 생각해낸 것임을 고백한다. 실제 나는 어느 정도 의도적으로 나 자신을 주류 인지과학으로부터 거리를 두어왔다. 그 결과가 멍청한지 아닌지는 독자들이 판단할 몫이다. 하지만 방어 차원에서 이렇게 얘기해야겠다. 이 분야에서 얼마나 많은 영리한 사람들이 의식이라는 난제에 부딪쳐 한 걸음도 나아가지 못했는지를 볼 때, 초연하진 않더라도 동떨어져서 이야기할 만한 것들이 있다고 말이다.

애리엔 맥(Arien Mack), 앤서니 마르셀(Anthony Marcel)과 마찬가지로 대니얼 데닛이 항상 내 곁에서 힘이 되어주었다 말할 수 있어 기쁘다. 키스 서덜랜드(Keith Sutherland)는 내 이론의 초기 버전을 출판했고, 2000년에 간행된 『의식연구지(*Journal of Consciousness Studies*)』 7권에 훌륭한 비평가 패널들을 모아주었다. 존 브록만(John Brockman)은 이것을 EDGE 공동체의 주목을 끌고 활발한 토론이 이루어지게 했다(http://www.edge.org/3rd_culture/humphrey04/humphrey04_index.htm. 2014년 2월 현재 이 웹페이지는 열리지 않지만, http://www.edge.org에서 니컬러스 험프리의 이름으로 관련 글들의 검색이 가능하다. 옮긴이).

하지만 이 책과 관련해서 내가 진 가장 큰 빚이라면 나를 2004년도 우수 강연 시리즈(Distinguished Lecture Series)에 초청해 준 하버드대학교의 '마음, 뇌, 행동 선도연구단(Mind,

Brain and Behavior Initiative)' 이사회에게 있다. 이들이 무엇을 얻게 될지 미리 내다보진 못했음에 틀림없다. [하지만] 하버드 대학교 출판부의 엘리자베스 놀(Elizabeth Knoll)이 이를 파악해내고는 외면하지 않았다. 그녀에게 더욱 감사하다.

옮긴이 해제

조세형

의식에 관한 이 짧은 책은 영국의 저명한 이론심리학자이자 뇌 연구자인 니컬러스 케인스 험프리(Nicholas Keynes Humphrey)가 2004년 하버드대학교에 초청되어 행한 일련의 강연을 기초로 하여 쓴 저서 『빨강 보기: 의식의 기원(*Seeing Red: A Study in Consciousness*)』(Harvard University Press, 2006)을 완역한 것이다. 자신의 전작 『마음의 역사(*A History of the Mind*)』(Simon & Schuster, 1992)의 후편이라 할 수 있는 이 책에서 험프리는 독자들이 마치 전면에 놓인 거대한 빨간 스크린을 보면서 자신의 강연을 듣고 있는 것처럼 이야기를 풀어나가는데, 의식에 대한 철학적, 과학적 연구에서 흔히 불가능한 것으로 치부되어 무시되거나 외면 받는 측면을 오히려 자신의(혹은 듣고 있는 독자의) 출발점으로 삼아 의식이란 무엇이고, 무슨 일을 하며, 어째서 의식이 진화했는가에 관한 자신의 수십 년간의 연구와 숙고의 결과를 알기 쉽게 설명하고자 한다.

험프리의 삶과 업적

험프리 스스로 천착하기도 했던 인간의 지능, 혹은 지적능력이 얼마나 유전되는 것인가에 대해서는 논란의 소지가 있겠지만[1], 험프리만큼 지적 배경이 우수한 환경에서 태어나기도 쉽지 않을 것이다. 험프리의 아버지인 존 허버트 험프리(John Herbert Humphrey)는 저명한 박테리아학자이자 면역학자였고, 어머니인

재닛 험프리(Janet Humphrey)는 근육에서 열의 발생과 기계적 일의 기전을 규명한 공로로 1922년 노벨 생리의학상을 수상한 아치발드 힐(Archibald Hill)의 딸이다. 게다가 험프리의 종조부는 케인스 경제학으로 너무나도 잘 알려져 있는 경제학자 존 메이너드 케인스(John Maynard Keynes)이니, 그야말로 험프리는 유전적인 면에서나 지적 환경 면에서 태어나 자라면서 매우 탁월한 혜택을 받았다고 보아도 무방할 것이다.

1943년생인 험프리의 어린 시절에 대해서는 잘 알려진 바 없으나 웨스트민스터 스쿨(1956~1961년)을 거쳐 케임브리지의 트리니티 칼리지(1961~1967년)에서 수학한 것으로 알려져 있다. 이 책에서도 중요하게 다루고 있듯이 케임브리지에서 로렌스 바이스크란츠의 지도하에 박사과정에서 수행했던 연구는 영장류의 시각(vision)에 대한 신경심리학적 연구였는데, 시각피질이 완전히 제거된 원숭이 헬렌을 통해 발견하게 된 맹시[2]는 그의 가장 뛰어난 업적중 하나로 꼽힌다. 1967년 험프리는 발생학자이자 유전학자로 명망이 높은 콘라드 와딩턴(Conrad H. Waddington)의 딸 캐럴라인과 결혼했으나 10여년 만에 이혼했고, 그해부터 8년 동안(1977~1984년) 영국의 저명 여배우 수재 요크(Susannah York)와 파트너 관계를 유지한다. 흥미롭게도 박사 후 옥스퍼드 심리학과의 강사로 옮기면서 그의 연구 관심은 진화미학(evolutionary aesthetics)으로 옮겨갔는데, 원숭이의 시각 선호(visual preference), 특히 색깔 선호(color preference)에 대해 연구하여 「미의 환각(*The Illusion of Beauty*)」[3]이란 에세이를 썼고, 이것이 라디오에 방송되어 1980년 글락소 과학 작가상(Glaxo Science Writers Prize)을 받는 계기가 되었다. 험프리는 케임브리지의 동물행동학과 부학과장, 케임브리지 초심리학(parapsychology) 연구팀의 시니어 리서치 펠로우 등으로 활발하게 연구를 수행했고, 이후 뉴욕 뉴스쿨의 심리학 교수, 런던정경대학의 교수 등으로 자리를 옮겨가며 연구 활동을 계속하였다.

한편 험프리는 상아탑에만 갇혀 있지 않고 사회 참여에도 적극적이었는데, 1970년대 말, 반핵운동에서 지대한 역할을 했으며, 1981년에는 ‹자정 4분 전(*Four Minutes to Midnight*)›이란 제목으로 BBC의 브로노브스키 기념 강연을 통해 핵군비경쟁의 위험성에 대해 설파하기도 했다. 1984년 로버트 리프턴(Robert J. Lifton)과 함께 편집하여 출간한 시집 『암흑의 시대(*In a Dark Time*)』는 핵시대의 전쟁과 평화를 다룬 명시들을 싣고 있으며, 이를 계기로 맺은 리프턴과의 인연으로 이후 여섯 달 동안 뉴욕 존제이 칼리지에서 리프턴의 폭력 및 인간 생존 센터(Center for Violence and Human Survival)를 방문, 주요 프로젝트에 자문위원으로 활동하게 된다.

험프리가 인지능력, 특히 지능(intelligence)과 의식(consciousness)의 문제에 관심을 갖게 된 계기는 케임브리지의 동물행동학과에 재직하면서 만난 미국의 동물행동학자 다이앤 포시(Dian Fossey)의 초청으로 르완다에 있는 그녀의 고릴라 캠프를 세 달간 방문하고, 이후 고인류학자인 리처드 리키(Richard Leakey)의 투르카나호(Lake Turkana) 발굴현장을 방문하면서부터라고 한다. 이를 기초로 1976년에 쓴 에세이 「지능의 사회적 기능(The Social Function of Intellect)」[4]에서는 지능과 의식이 사회생활에 대한 적응으로서 나타났다고 보았는데, 현대 진화심리학(Evolutionary Psychology)의 기초를 놓은 대표적인 역작으로 평가를 받고 있다.

1984년 험프리는 잠시 학계를 벗어나 채널4의 ‹내부의 눈(*The Inner Eye*)›이란 시리즈의 제작에 참여했는데, 1986년 종영된 이 프로그램은 인간 마음(의식)의 발달을 다루고 있으며, 그 방송 내용을 같은 제목의 책으로 엮어 출간[5]하기도 하였다. 1987년부터는 미국의 철학자이자 인지과학자인 대니얼 데닛[6]의 초청으로 터프츠대학에 있는 인지연구센터(Center for Cognitive Studies)에 합류하여 실험에 기반을 둔 의식 연구에 몰두했으며, 다중인격장애(multiple personality disorder)에 대한 현장(실험적) 연구를 수행하기도 했다. 1992년 출간된 『마음의 역사』를 통해 험프리는 사고(thinking)가 아닌 감정(feeling)으로서의 의식이 어떻게 진화할 수 있었는지에 대한 한 가지 이론을 제시하였고,[7] 이 저작으로 1993년 영국 심리학회에서 수여하는 올해의 저술상을 받게 된다.

1992년 케임브리지 다윈 칼리지의 시니어 리서치 펠로우가 된 험프리는 연구비를 지원받아 초심리학에 대한 회의적 연구를 수행했는데, 초감각적 지각(extra-sensory perception)이나 염력(psychokinesis)과 같은 초심리현상에 대한 비판적 연구의 결과를 『영혼을 찾아서: 인간 본성과 초자연적 신념(*Soul Searching: Hu-*

man Nature and Supernatural Belief)』(1995)이라는 저서로 출간, 사람들이 초자연적 현상을 믿는 이유를 밝히려 했다. 의식의 문제에 대한 험프리의 천착은 그 후로도 계속되어 많은 논문을 발표했고, 『육신으로 만들어진 마음(*The Mind Made Flesh: Essays from the Frontiers of Evolution and Psychology*)』(2002)과 본 저작은 물론이고, 최근에는 『영혼 먼지(*Soul Dust: the Magic of Consciousness*)』(2011)라는 저서를 통해 의식에 대한 급진적인 이론을 개진했는데, 의식이란 우리 자신의 머릿속에서 상연되는 마법의 신비쇼와 다름없는 것이어서 영성(spirituality)에 이르는 길을 놓을 뿐 아니라, 우리가 삶의 보상이나 불안을 얻게도 만든다는 것이다.

그 밖에 험프리는 질병에 대한 다윈주의적(진화론적) 접근으로서 오랫동안 위약효과(placebo effect)에 대한 연구를 수행[8]하기도 했고, 2005년에는 남부 터키의 네 발로 걷는 울라스 가족을 방문, 존 스코일즈(John Skoyles), 로저 케인스(Roger Keynes)와 함께 보고서를 작성했는데, 이에 기반을 둔 다큐멘터리 ‹네 발로 걷는 가족(*The family that walks on all fours*)›가 BBC2와 NOVA를 통해 2006년 방영되기도 하였다. 현재 험프리는 런던정경대학의 심리학 석좌교수로 있으며, 여전히 자신의 주요 관심사가 의식의 문제임을 그의 홈페이지[9]에서 밝히고 있다.

여기서 험프리의 삶의 궤적을 살펴본 이유는 우발적이며 재현 불가능한 개인의 역사가 한 인간의 사상과 저작을 이해하는 밑거름이라 여기기 때문이다. 개략적이지만 험프리의 인생역정을 통해 그가 어째서 의식의 문제에 관심을 갖게 되었는지, 의식에 대한 그만의 독특한 사상과 설명의 방식(예를 들어 시나 그림의 은유를 통해 의식의 문제에 접근) 등을 더 잘 이해할 수 있을 것이다. 이제 본 역서의 내용에 대해 살펴보도록 하자.

매혹적이지만 신비로운 의식의 문제

어찌 보면 가장 친숙하면서도 가장 신비스러운 우리 삶의 측면이 의식이다. 의식하고 있다는 것은 외부의 물체나 자신 내부의 무엇인가를 알아차리고 있는 상태라고 볼 수 있겠지만, 의식을 적절하게 정의내리기란 쉽지 않다. 의식(consciousness)의 라틴 어원인 *conscius*는 '함께'를 뜻하는 *con*-과 '앎'을 뜻하는 *scio*의 결합으로 이루어져 '타인과 공통의 지식을 갖고 있음'을 뜻하지만, 영어 단어 conscious는 '뭔가에 대해 스스로와 지식을 공유하는', 혹은 '자신이 알고 있음을 아는'에 더 가깝기에 라틴어의 conscius sibi의 뜻을 가지고 있다. 의식에 대한 현대적 개념을 만들어낸 사람은 존 로크(John Locke)로 알려져 있는데, 로크는 1690년에 출간된 『인간 지성론(*An Essay Concerning Human Understanding*)』에서 의식을 '자신의 마음속에서 지나가는 것에 대한 지각(the perception of what passes in a man's own mind)'이라고 정의했다. 그러나 많은 철학자들이 의식의 개념에 의문을 제기했고, 순환논법의 오류를 범하지 않으면서 명확하게 의식을 정의하는 것은 불가능에 가깝다. 의식을 정의하는 것의 어려움을 험프리는 스튜어트 서덜랜드의 정의를 인용하여 설명하고 있는데, 이 책에 인용된 부분을 포함해서 서덜랜드의 정의를 좀 더 자세히 살펴보면 다음과 같다.

> 의식–지각, 사고 및 감정을 가지고 있음. 알고 있음. 이 용어는 의식이 의미하는 바를 언급하지 않으면서 이해할 수 있게 설명하는 것이 불가능하다. 다수의 의식에 대한 정의는 의식을 자의식(self-consciousness)과 동일하게 보는 오류에 빠져 있다. 의식은 매혹적이지만 규정하기 힘든 현상이다. 의식이 무엇이며, 무엇을 하고, 어째서 진화하게 되었는지 구체적으로 명시하는 것은 불가능하다. 이제까지 의식에 관해 쓰인 것 중 읽어볼만한 가치가 있는 것은 하나도 없다.[10]

험프리는 '의식이 무엇이며, 무엇을 하고, 어째서 진화하게 되었는지 구체적으로 명시하는 것은 불가능하다.' 라는 부분을 전략적으로 인용(1장)하면서, 자신이 이 책에서 다룰 내용을 밝히고 있는 것이다. 역자 해제를 쓰는 목적이 글쓴이의 주장을 독자가 보다 쉽게 파악하도록 돕는 데에 있다고 믿기에, 이제 그 첫걸음으로 연구의 배경부터 간단히 살펴보도록 하자.

오랫동안 의식에 대한 공개적인 논의는 대부분 철학자들(그리고 몇몇 심리학자들)만의 몫으로 남아 있었다. 방법론적 회의론(methodological skepticism)을 통해 근대 과학의 기초를 놓은 것으로 평가받는 프랑스의 철학자 데카르트(René Descartes)는 인간의 지각(perception)을 '믿을 수 없는(unreliable)' 것으로 보고, 진리에 이르기 위한 방법으로 연역(deduction)을 옹호하였음이 잘 알려져 있다. 라틴어구인 *cogito ergo sum*[11]이라는 유명한 명제는 생각하고 있는 '나'가 존재한다는 것을 진리에 이르기 위한 연역의 출발점으로 삼아야 한다는 것이었다. 데카르트는 의식을 비물질적인 영역인 *res cogitans*(사고의 영역)에 놓고 물질적인 영역인 *res extensa*(확장의 영역)와 구별함으로써 이원론(dualism)을 주창한 혐의를 뒤집어쓰고 있지만, 사실 몸과 대비되는 마음, 영혼, 정신에 대한 당대의 생각을 반영하고 있을 뿐이다.[12] 물론 영혼의 자리로 송과선(pineal gland)을 제시한 데카르트의 아이디어는 후세의 조롱거리로 남았지만 말이다.

현재의 이원론은 크게 두 가지로 나눌 수 있는데, 하나는 마음이 물리학의 법칙에 지배되지 않는 다른 유형의 물질로 이루어져 있다고 보는 물질이원론(substance dualism)이고, 다른 하나는 물리학의 법칙은 보편적으로 유효하지만 마음을 설명하는 데에는 사용될 수 없다고 보는 특성이원론(property dualism)이 그것이다. 두 가지 존재의 영역이 있다고 보는 이원론에 맞서서 오직 한 가지 존재의 영역만이 있을 뿐이며 의식과 물질은 존재의 서로 다른 측면에 불과하다고 보는 일원론(monism) 또한 세 가지 부류로 나누어 볼 수 있겠다. 첫째는 물리주의(physicalism)로서 마음이 특별한 방식으로 조직화된 물질로 이루어져 있다고 보는 것이며, 둘째는 관념론(idealism)으로 오직 생각만이 존재할 뿐, 물질은 그저 환상(illusion)에 불과하다고 보는 것이고, 셋째는 중립적 일원론(neutral monism)으로서 마음과 물질은 모두 어떤 독특한 본질(essence)의 측면들이며, 실제의 본질 자체는 마음과 동일하지도, 물질과 동일하지도 않다는 것이다. 험프리의 주장을 설명하고자 하는 본 해제에서 마음 혹은 의식에 대한 지루한 철학 논쟁을 다룬다는 것은 적절하지도 않을 뿐더러, 본 역자의 한계를 한참 넘어서는 것이므로 생략하도록 하겠다.[13] 다만 과학에 근거해서 마음을 살펴보는 새로운 철학적 흐름이 나타난 것에는 주목할 필요가 있겠다.

뉴턴에서 비롯된 근대 과학혁명은 우주를 설명하는 단순한 기계론적 원리가 가능하리라는 희망을 안겨주었고, 철학자들 중에도 의식을 순수한 물리적 용어로 설명하고자 하는 시도가 있었다. 그러나 이런 시도가 일회성의 사변적 태도를 벗어나 부분적으로라도 과학적 증거에 기반을 두기 위해서는 신경과학의 발전[14]을 기다려야만 했다. 그만큼 뇌는 오랫동안 미지의 영역으로 남아 있었던 것이다. 1751년 프랭클린이 전기 현상을 발견하면서 뇌가 전기를 만들 수 있다는 놀라운 사실이 18세기 후반에 알려지긴 했지만, 신경과학의 기본 중의 기본이라 할 수 있는 뉴런 독트린(neuron doctrine, 뇌의 기본적인 기능의 단위가 신경세포인 뉴런이라는 신경과학의 핵심 원칙)이 확립된 것도 우선적으로 현미경의 발달이 있어야 했고, 이어서 니슬(Franz Nissle), 골지(Camillio Golgi), 카할(Santiago Ramon y Cajal)로 대표되는 19세기 말의 조직 염색기법과 뇌 절편기술의 발전을 필요로 했다.[15] 시냅스(신경연접)에서 이루어지는 신경세포 사이의 신호전달에 대한 논쟁은 1930년대가 되어서야 막을 내렸으며,[16] 물리화학자인 네른스트(Walter Nernst)의 방정식에 생체막이 갖고 있는 선택적 투과성(selective permeability) 개념을 결합시켜 신경세포의 휴지막전위(resting membrane potential)와 활동전위(action potential)를 훌륭하게 설명할 수 있게 된 것도 20세기 중반에야 가능하게 되었다.[17] 이렇게 태동한 현대의 신경과학은 그야말로 눈부신 발전을 거듭하고 있으며, 개체 수준, 세포 수준, 분자 수준에서 놀라운 발견들이 계속되고 있다. PET, fMRI를 비롯한 '뇌영상 촬영기법'의 발달은 심지어 정신적 과제를 수행하고 있는 피험자를 대상으로 뇌 영역들이 어떻게 활동하는지 볼 수 있도록 해준다.

그러나 신경과학이 의식이라는 난제에 관심을 갖게 된 것은 극히 최근의 일이라 할 수 있다. 주류 신경과학(mainstream neuroscience)은 기본적으로 환원주의적 접근(reductionistic approach)이라 할 수 있는데, 1953년 왓슨과 크릭의 DNA 구조 발견에서 비롯된 분자생물학의 발전에 힘입은 바 크다. 흥미롭게도 크릭은 1980년대부터 신경과학을 자신의 주요 관심분야로 삼게 되는데, 당시 크릭은 다음의 사실에 크게 충격을 받았다고 밝히고 있다.[18] 첫째, 신경과학의 각 분과들이 서로 격리되어 서로 간의 접촉이 전혀 없다는 점, 둘째, 행동을 연구하는 사람들이 여전히 뇌를 블랙박스로만 다루고 있다는 점, 셋째, 신경생물학자들이 의식을 터부시 하여 연구주제로 삼지 않으려 든다는 점 등이었다. 크릭은 한때 신경철학자인 퍼트리샤 처치랜드(Patricia Churchland)와 협력하기도 했고, 1990년대부터는 코흐와 협력해서 그의 의식이 사라질 때까지 의식에 대한 연구를 계속한다.[19] 1995년 출간된 저서 『놀라운 가설(*The Astonishing Hypothesis*)』[20]에서 크릭은 이제 신경과학은 어떻게 뇌가 의식적 경험을 산출하는지 과학적 연구를 시작할 준비가 되어 있다고 선언한 바 있다. 하지만 의식에 대한 과학자들과 철학자들의 출판물들이 홍수[21]를 이루게 된 배경엔 미국이 1990년대를 '뇌의 10년(The Decade of the Brain)'으로 선언하고 막대한 연구비를 투자한 것이 큰 역할을 했다고 보아야 할 것이다. 현재 '의식과학연구협회(ASSC, Association for the Scientific Study of Consciousness)'가 결성되어 있고, 의식연구를 다루는 전문학술지로서 『의식과 인지(*Consciousness and Cognition*)』, 『의식연구지(*Journal of Consciousness Studies*)』가 간행되는 등, 그 어느 때보다 의식에 대한 연구가 활발히 이루어지고 있다고 하겠다.

과학에 기반을 둔 의식에 대한 몇 가지 현대적 이론들

다음으로 의식에 대한 몇 가지 주목할 만한 최근 아이디어들을 살펴보는 것이 험프리의 저서를 이해하는 데 도움이 될 것이다. 우선 영국의 이론 물리학자이자 철학자인 펜로즈(Roger Penrose)는 1989년 출간된 저서 『황제의 새마음(*The Emperor's New Mind*)』[22]에서 이제까지 알려진 물리법칙들은 의식현상을 설명할 수 없으며, 의식을 설명하기 위해서는 새로운 물리학이 필요한데, 이 새로운 물리학은 고전역학과 양자역학의 다리를 놓을 수 있는 그런 물리학이어야 한다고 역설했다. 펜로즈는 괴델의 불완전성 정리(Gödel's incompleteness theorem)[23]와 튜링 기계(Turing machine)[24]를 활용, 뇌가 결정론적(deterministic)이면서도 알고리듬이 아닌(non-algorithmic) 과정을 가지고 있다고 주장하고, 컴퓨터는 알고리듬으로 이루어진 결정론적 시스템이므로 결코 지능(intelligence)을 가질 수 없다고 주장하여 기존 인공지능(AI, artificial intelligence) 지지자들과 첨예하게 대립했다. 후속작인 『마음의 그늘(*Shadows of the Mind*)』(1994)과 『큰 것, 작은 것, 그리고 인간의 마음(*The Large, the Small and the Human Mind*)』(1997)은 인공지능 지지자들의 비판에 대한 펜로즈의 답변을 담고 있다. 현재도 마음에 대한 전일론적 접근(holistic approach)[25]을 주장하는 이론 물리학자들이 의식에 대한 양자론적 접근[26](이들은 의식을 양자과정[quantum process]으로 파악해야 한다고 주장한다.)을 제안하고 있지만 과학계 내에서는 여전히 소수 의견[27]으로 머물러 있다. 1990년대 중반부터 펜로즈는 하메로프와 더불어 뇌의 신경세포 안에 존재하는 미세소관(microtubule) 다발에서 일어나는 '생물학적으로 잘 편성된 통일성을 갖춘 양자과정(biologically orchestrated coherent quantum process)'으로 의식을 설명하고자 시도하고 있으며 그 실험적 증거를 찾고자 노력 중이다.[28]

포르투갈 태생의 저명한 미국 신경과학자 안토니오 다마지오(Antonio Damasio) 또한 의식의 문제에 깊은 관심을 갖고 있다. 서던캘리포니아대학의 신경과학 교수인 다마지오는 오랫동안 감정, 의사결정, 기억, 언어 및 의식에 관여하는 신경계에 관심을 갖고 연구를 계속해왔다. 특히 그가 제안한 '체성(신체) 표지자 가설(somatic marker hypothesis)'[29]은 감정과 감정의 생물학적 토대(underpinnings)가 의사결정에 관여하는 기전을 제시하여 수많은 실험적 접근을 가능케 했을 뿐만 아니라, 현대의 과학과 철학에도 큰 영향을 미쳤다. 다마지오는 감정을 보상과 처벌에 근거한 항상성 조절의 과정으로 바라보는데, 뇌섬 피질(insular cortex)이 감정의 중요한 플랫폼임을 실험적으로 입증했고, 복측정중 전전두엽 피질(VMPFC, ventromedial prefrontal cortex)과 편도체(amygdala)에서 인간의 감정을 만들어내는 피질 및 피질하부의 유도부위들을 규명하는 커다란 업적을 남겼다. 다마지오는 1999년 출간된 저서 『사건에 대한 감정(*A Feeling of What Happens*)』에서 의식에 대한 이론을 제시한 바 있다. '선행사건의 속박(enchainment of precedences)'으로 이해되는 이 이론은 각 개체가 가지고 있는 무의식적인 신경신호가 원시자아(protoself)를 갖게 만들고, 원시

자아가 핵심자아(core self)와 핵심의식(core consciousness)이 있게 하며, 핵심자아와 핵심의식이 있기에 확장된 의식(extended consciousness)이 가능하게 되고, 마지막으로 확장된 의식이 있기에 양심(conscience)이 가능하게 된다는 것이다. 그밖에 대중서적으로 『데카르트의 오류(*Descartes' Error: Emotion, Reason and the Human Brain*)』(1995년 초판, 2005년 개정판)[30], 『스피노자를 찾아서(*Looking for Spinoza: Joy, Sorrow and the Feeling Brain*)』(2003)[31] 등이 있고, 의식에 대한 보다 확장된 견해를 최근의 저서 『자아에서 마음으로(*Self Comes to Mind: Constructing the Conscious Brain*)』(2010)와 최근 논문 「감정의 본성: 진화적, 신경생물학적 기원(*The nature of feelings: evolutionary and neurobiological origins*)」[32]에서 찾아볼 수 있다.

마지막으로 제럴드 에델만(Gerald Edelman)의 의식에 대한 견해를 살펴보자. 에델만은 미국의 생물학자로서 면역계(항체)에 대한 연구로 1972년 노벨 생리의학상을 수상한 저명인사다. 하지만 향후 그의 관심이 뇌과학으로 옮겨갔으니 이제는 신경과학자로 불러야 옳을 것이다. 그가 1987년에서 1990년 사이에 발표한 삼부작은 전문서적이지만 커다란 반향을 불러온 주목할 만한 저작들인데, 첫째는 신경계의 가소성(plasticity)[33]을 토대로 기억에 대한 설명을 제공하는 『신경다윈주의(*Neural Darwinism*)』(1987)이고, 둘째가 신경계의 발생과정에 주목하는 『위상생물학(*Topobiology*)』(1988)이며, 셋째가 의식에 대한 이론을 담고 있는 『기억된 현재(*The Remembered Present*)』(1990)다. 에델만은 이런 전문서적이외에도 일반인을 상대로 한 저서들도 다수 출판했는데, 최근 것으로 『의식이라는 우주(*A Universe of Consciousness*)』(2001), 『창공보다도 넓은(*Wider than the Sky*)』(2004)[34], 『제2의 자연(*Second Nature: Brain Science and Human Knowledge*)』(2007)[35] 등에서 의식의 문제를 다루고 있다. 에델만은 생리학, 심리학과 철학을 하나의 원리로 통합하고자 한 미국의 실용주의 철학자 윌리엄 제임스(William James)[36]의 포부에 가장 근접한 것으로 평가받는데, 신경다윈주의에 근거해서 의식의 문제를 풀어나간다. 의식은 대뇌 피질(cerebral cortex)과 시상(thalamus) 사이에서 일어나는 재유입, 피질과 피질하부(subcortex) 사이의 상호작용, 그리고 피질 내부에서의 상호작용에 의해 나타난다는 주류 신경과학의 견해를 받아들여 설명하고 있으며, 뇌를 진화적 시스템으로 간주해서 의식의 계통발생적, 개체발생적 출현에 대한 진화적 설명을 제공하고 있다. 특히 에델만은 컴퓨터가 지능을 가질 수 없다는 펜로즈의 입장과는 달리 의식이 있는 인공물(뇌기반 장치)을 만드는 데에 힘을 쏟고 있기도 하다.

이제까지 살펴본 현대의 의식이론 속에서 나타나는 몇 가지 특징들을 간추려보자. 첫째, 일반인들의 생각(혹은 우리의 일상생활)에 널리 퍼져 있는 육체와 분리되는 마음, 영혼, 정신은 그 어디에서도 찾아볼 수 없다. 프시케 설화에서 볼 수 있는 불멸의 영혼(Psyche)도, 기독교 사상에서 볼 수 있는 영생의 가능성도, 사자의 명복을 비는 조문객들의 애타는 마음도 여기선 들어설 자리가 없다. 인간의 의식(영혼)은 물질로 이루어진 뇌에 그 기반을 두고 있는 것으로 파악되며, 육신의 사망과 함께 소멸하는 어떤 것이다. 둘째, 의식은 어떤 실체적 존재라기보다는 하나의 과정(process)으로서 더 잘 이해된다. 예컨대 펜로즈는 의식을 비결정론적이라 할 수 있는 양자과정의 소산으로 이해하며, 에델만은 시상과 대뇌피질 사이에서 이루어지는 재유입회로의 역동적인 과정(dynamic process)으로 의식을 바라본다. 실로 화이트헤드[37]의 승리라고나 해야 할까? 마지막으로 의식에 대한 견해와 설명이 우발적이라 할 수 있는 저마다의 개인사와 그에 따른 경험에 의존하고 있다는 것이다. 이론물리학자인 펜로즈는 고전역학과 양자역학 사이의 괴리에서 출발하고, 다마지오는 감정이나 인지기능을 담당하는 뇌 부위들을 규명해온 자신의 연구역정에 치중하며, 면역학자였던 에델만은 항체의 다양성을 설명했던 자신의 업적의 변형확장판이라 할 수 있을 신경다윈주의(혹은 신경집단선택이론[neuronal group selection]이라고도 부른다.)에 입각해서 의식에 대한 논의를 펼쳐나간다. 그만큼 우리의 의식에 대한 이해가 아직도 초보적인 단계에 머물러 있으며, 누구라도 동의할 수 있는 어떤 합의의 영역에는 이르지 못했음을 의미하기도 한다.

그럼 이제 험프리의 의식에 대한 논의의 구조 속으로 들어가 보자.

험프리의 의식 이론 해부

험프리의 의식에 대한 논의와 그 전개방식을 쉽게 파악하기 위해서는 험프리에게 영향을 준 철학자들을 하나씩 살펴보는 것이 가장 현명해 보이기에 그렇게 하겠다. 첫째이자 가장 중요한 철학자는 흄[38]과 동시대의 인물이었던 토머스 리드다. 한때 흄의 열렬한 팬이기도 했던 리드는 외부세계를 아는 것이 불가능하다고 본 흄과는 달리 상식에 기반을 두어 판단해야 한다고 주장했으며, 이런 철학적 입장을 상식실재론(common sense realism)이라 부르기도 한다. 리드는 상식이 합리적 사고의 기초라고 보았고, 상식적으로 판단할 때 외부세계가 실재한다는 것은 확실하다고 주장하여 외부 세계란 단지 마음속의 관념에 불과하다고 본 대표적 유심론자 버클리에 대한 반대도 분명히 했다. 여기서 더욱 중요한 것은 리드가 우리의 마음엔 서로 다를 뿐 아니라 상호 독립적인 두 가지 구역(province) 혹은 체계(system)가 구비되어 있다고 한 것인데, 감각(sensation)과 지각(perception)이 그것이다. 흔히 사람들은—그리고 많은 철학자들도—감각을 원재료로 하여 외부세계에 대한 지각이 정교해진다고 보기 쉽지만, 그것은 사실이 아니고 서로 독립되어 있다는 것이다. 이런 리드의 주장은 흄 등을 비롯한 철학자들에 의해 비판을 받았고, 일반인들의 상식과도 동떨어진 것으로 평가받기도 했으나, 최근 인지심리학에서 이루어진 성과들은 오히려 리드의 판단이 옳았음을 보여주고 있다. 이 책에서도 중요하게 다루고 있듯이 감각이 없는 지각이 가능하며, 지각이 없는 감각이 가능하다는 것이 입증된 것이다. 따라서 험프리는 이분화(bifurcation)를 통해 감각경로와 지각경로가 상호 독립되어 있고, 그 둘 사이에 상호작용이 있다고 하더라도 두 흐름의 훨씬 아래쪽(downstream)에서만 일어날 것이라고 주장하고 있는 것이다(3장 참조).

험프리에게 영향을 준 것이 확실한 두 번째 철학자는 프레게다. 독일의 수학자이자 논리학자 겸 철학자라 할 수 있는 프레게는 분석철학(analytic philosophy)의 아버지로 불리는데, 최초로 개념(Begriff, concept)과 사물(Gegenstand, object)을 구분하는 업적을 남겨 후대의 러셀, 비트겐슈타인, 카르납 등에 강한 영향을 미쳤다. 더구나 프레게는 '피경험자가 없는 경험이란 불가능하다. 내적 세계는 그것이 자신의 내적 세계인 사람을 상정하게 마련이다.'라고 했는데, 이 책에서 험프리는 프레게에게 힘입어 자신의 주장을 펼쳐가고 있다. 즉, 우리 스스로가 내적 세계를 경험하기 때문에 우리가 존재한다는 것을 알게 된다고 주장(2장 참조)하여 감각의 역할에 대한 단초로 삼는 것이다. 책의 후반부로 이르면서 흥미롭게 전개되듯 감각—험프리의 논의 구조 내에서 감각은 '우리가 뇌 속에 능동적으로 만들어낸 어떤 것'이기에 결국 의식과 같은 것이다.—의 경로가 지각과 별도로 있어야 할 이유가 설명된다. 즉, 감각(의식)이라는 내적 세계를 통해 자기 자신이 존재함을 알게 되고, 자신이 내적 세계를 가진 그런 중요한 존재라는 사실을 좋아하게 되며, 그것이 자신의 자부심을 높일 뿐만 아니라 비슷한 내적 세계를 가졌으리라 여겨지는 타인에 대한 존중까지도 불러올 수 있다고 보는 것이다.

셋째로 유고슬라비아 태생의 미국 철학자 토머스 네이글을 들 수 있다. 네이글은 그의 가장 유명한 논문 「박쥐가 된다는 것은 무엇과 비슷한가?(*What is it like to be a bat?*)」[39]를 통해 마음에 대한 환원주의적 설명을 비판한 것으로 유명한데, 객관적 기술이라고 해서 주관적 기술보다 더 우수하다고 볼 필요는 없으며, 우리가 너무 과학(즉, 객관성)에 경도되고 있음을 경고하고 있다. 네이글은 물리학의 현재 개념들로는 의식과 주관적 경험을 만족스럽게 설명하지 못한다고 보며, 뇌의 화학(즉, 뇌의 물질적 바탕)은 마음의 숨겨진 정수는 아니라고 본다는 점에서 물리주의를 거부하고 있는 셈이다. 이 책의 6장에서 나오는 험프리의 질문, '그림이 된다는 것은 무엇과 비슷한가?(What is it like to be a painting?)'는 네이글의 논문에 대한 패러디로도 읽히지만, 사실 험프리는 그림이라는 비언어적 방법을 통해 손에 잡히지 않는 의식의 문제(이를 요인 X라 표현하고 있다)에 대한 은유적 접근 가능성을 모색하고 있는 것이다. 아울러 험프리는 객관과는 한참이나 거리가 먼—따라서 보통의 논객이라면 피해가야 마땅할—육감이나 느낌, 시인이나 예술가들의 번뜩이는 통찰력(insight) 등을 통해 오히려 손에 잡히지 않는 의식의 난제가 풀릴 수도 있으리라 기대하는 것이다.

마지막으로 블록(Ned Block)을 빼놓을 수 없겠다. 미국의 분석철학자인 블록은 현상적 의식(phenomenal consciousness)과 접근 의식(access consciousness)을 구분했는데, 현상적 의식은 주관적 경험과 감정으로 이루어지는 반면, 접근 의식은 인식체계가 추론, 언어나 고도의 활동통제를 하는 데 사용할 수 있는 그런 정보들로 이루어진다고 보았다. 쉽게 말하자면 현상적 의식은 뇌에서 벌어진 있는 그대로의 사실들(신경적 사건들)이라 볼 수 있는 반면에 접근 의식은 우리가 마음을 쓰게 될 때 접근할 수 있는 의식의 영역이라 하겠다. 이 책에서 현상적 의식, 특히 감각질(qualia)[40]에 대한 설명이 난해해 보이지만, 블록의 개념을 이해하면 쉽게 파악할 수 있을 것이다.

험프리의 글은 논리가 분명하면서 강연의 형식을 빌려 독자가 이해하기 쉽게 설명하고자 애쓰고 있기에 별도의 설명은 필요 없으리라 본다. 정말 생소한 몇 가지 개념들이 독자들을 난처하게 만들지도 모르지만, 지금 살펴본 몇 가지 철학적 개념들에 조금만 시간을 할애하면 이 책의 묘미를 십분 만끽할 수 있을 것으로 믿는다.

의식에 대한 새로운 접근을 향하여

험프리는 이 저서에서 빨강을 본다고 하는 단 하나의 경험을 통해 의식에 대한 급진적인[41] 주장을 하고 있기에, 주류 신경과학의 입장과는 다소 거리가 있다고 해야겠다. 다시 말해 현재로서는 험프리의 주장이 의식을 연구하는 신경과학자들에게 폭넓게 받아들여져 실험적 접근을 가능하게 하는 그런 성질의 것은 아니라는 것이다. 맹시나 신경손상 환자들에 대한 험프리의 설명은 흥미로운 과학적 성과에 근거하고 있는 것이 확실하며, 감각경로와 지각경로 사이의 이분화를 제안한 험프리의 주장을 (적어도 부분적으로) 정당화시킨다고 볼 수 있겠지만, 그 밖에 다른 논의들은 다분히 철학적이라 볼 수도 있겠다. 그뿐만 아니라 보통의 논객이라면 회피하게 마련일 일회적이며, 우발적이고, 주관적인 것들(그림, 시, 직감 등등)에 의지해서라도 의식의 난제를 풀어나가고자 하는 험프리의 노력은 애틋하면서도 읽는 재미를 더해주고 있다.

매혹적이지만 손에 잘 잡히지 않는 의식의 신비에 철학자들, 심리학자들, 그리고 새로운 연구 방법들로 무장한 신경과학자들의 도전이 지금도 계속되고 있다. 우리가 과거 어느 때보다 의식에 대해 깊이 있게 이해하고 있다는 것은 분명하지만, 아직도 풀리지 않는, 그리고 여전히 합의되지 않고 있는 의식의 문제들이 엄연히 존재하며, 기존의 틀에 얽매이지 않는 새로운 접근 또한 절실히 요구된다고 하겠다. 그런 측면에서 험프리의 저작은 이를 위한 하나의 시도로서 충분한 가치를 발휘하고 있으며, 아울러 독자 여러분들의 놀라운 상상력에 충분한 자극제가 되어줄 것으로 믿는다.

끝으로 험프리의 저서를 번역할 기회를 제공하고, 서투른 번역을 다듬느라 수고하신 손영민 씨를 비롯한 이음의 편집진들에게 감사드리며, 발견되는 오역이 있다면 그것은 모두 본 역자의 무능을 탓하시면 되겠다.

1 쌍둥이 연구에서 유전력 수치는 대략 60% 정도로 측정되지만, 이것을 지능의 60%가 유전되는 것으로 오인해서는 안 된다.

2 Nicholas Humphrey and L. Weiskrantz, "Vision in monkeys after removal of the striate cortex", *Nature* 215, 1967, pp. 595~597; Nicholas Humphrey, "Vision in a monkey without striate cortex: a case study", *Perception* 3, 1974, pp. 241~255.

3 Nicholas Humphrey, "The illusion of beauty", *Perception* 2, 1973, pp. 429~439.

4 Nicholas Humphrey, "The social function of intellect," P.P.G. Bateson and R.A. Hinde (eds.), *Growing Points in Ethology*, Cambridge: Cambridge University Press. 1976, pp. 307~317.

5 1986년에 출간된 이 책(원제는 *The Inner Eye: Social Intelligence in Evolution*)은 『감정의 도서관』(김은정 옮김, 이제이 북스, 2003)이란 제목으로 국내에 번역되어 있다.

6 데닛은 뇌과학 전문연구지인 *Brain*에 험프리의 본 저작에 대한 서평을 쓰기도 했다. Daniel Dennett, "Book review: A daring reconnaissance of red territory." *Brain* 130, 2007, pp. 592~595.

7 그 후편이랄 수 있는 본 역서에서 자신의 이론을 확대하여 제시하고 있다.

8 Nicholas Humphrey, "The placebo effect", R.L. Gregory (ed.), *Oxford Companion to the Mind*, Oxford: Oxford University Press, 2004.

9 http://www.humphrey.org.uk/

10 Stuart Sutherland, "Consciousness". *MacMillan Dictionary of Psychology*, London: Macmillan, 1989.

11 데카르트는 폭넓은 독자에게 다가서기 위해 처음에는 불어로 'Je pense, donc je suis.(나는 생각한다. 고로 나는 존재한다.)'라고 썼

으나 나중의 저작에서는 *cogito ergo sum*이라는 라틴어구를 사용하고 있다.

12 일반인에게 영혼 혹은 정신이 지칭하는 대상은 불명확하기 그지없다. 하지만 불멸의 영혼에 대한 서구인의 생각은 프시케 설화에서 잘 볼 수 있는데, 프시케는 아프로디테의 시기로 오랜 방황의 시간을 보내고 무서운 시험을 모두 통과하고 나서야 제우스가 하사한 암브로시아를 마시고 불멸의 존재가 되었으며, 비로소 프시케는 당당하게 아프로디테의 아들 에로스의 것이 되었다고 한다. 프시케(Psyche)는 '영혼'을, 에로스(Eros)는 '사랑'을 뜻한다.

13 마음에 대한 과거의 철학적 논의에 관심이 있는 독자라면 반 퍼슨의 『철학적 인간학 입문: 몸, 영혼, 정신』(손봉호·강영안 옮김, 서광사, 1985)이나 노만 맬컴의 『마음의 문제-데카르트에서 비트겐슈타인까지』(류의근 옮김, 서광사, 1987)를 비롯해서 관련 서적들을 살펴보면 좋을 것이다.

14 신경과학의 역사는 장 디디에 뱅상의 『뇌 한복판으로 떠나는 여행』(이세진 옮김, 해나무, 2010)의 제 1장 "뇌 발견의 역사"(15~52쪽)를 살펴보면 좋을 것이다.

15 1906년 노벨상을 공동수상한 골지와 카할은 신경세포의 조직 문제를 두고 첨예하게 대립했으며, 결국 신경세포가 기능적인 단일체로 이루어져 있다는 카할의 아이디어가 승리하게 된다.

16 1921년 오스트리아의 뢰비(Otto Loewi)가 적출한 개구리 심장의 미주신경에서 아세틸콜린을 발견했고, 뢰비와 친구가 된 헨리 데일(Henry H. Dale)이 신경과 근육의 접합부에서 아세틸콜린을 확인하여 1936년 노벨 생리의학상을 공동 수상했는데, 이것을 현대 신경과학의 출발점으로 보고 있다.

17 호지킨(Alan Lloyd Hodgkin)과 헉슬리(Andrew Fielding Huxley)는 이 공로로 1963년 노벨 생리의학상을 수상했는데, 시냅스

에 대해 연구했던 에클스(John Eccles)와 함께였다.

18 크릭의 자서전 『*What Mad Pursuit*』(1990). 국내에 『열광의 탐구』(권태익·조태주 옮김, 김영사, 2011)라는 제목으로 소개되어 있다.

19 크릭은 사망 직전인 2003년 코흐와 공저로 출간한 「의식을 위한 틀(*A framework for consciousness*)」이란 논문에서 의식의 문제에 과학적으로 접근하기 위한 전략을 보다 발전시켜 제시하고, 열 가지 연구의 틀(research framework)을 정리해놓고 있다. Francis Crick and Christof Koch, "A framework for Consciousness", *Nature Neuroscience* 6, 2003, pp.119~126.

20 국내에 『놀라운 가설』(과학세대 옮김, 한뜻, 1996)로 번역 소개되었다.

21 철학자이자 인지과학자인 데닛은 "집단적 영혼(collective psyche)의 어디에선가 댐이 무너져 뇌가 과연 의식의 자리인지, 어떻게 그럴 수 있는지를 논하는 뛰어난 과학자들과 철학자들의 책과 논문으로 홍수가 났다."라고 표현한다. Daniel Dennett, "Book review: A daring reconnaissance of red territory". *Brain* 130, 2007, pp. 592~595에서 인용.

22 국내에 『황제의 새마음』(박승수 옮김, 이화여자대학교 출판부, 1996) 상권과 하권으로 번역되어 있다.

23 쿠르트 괴델(Kurt Gödel)이 1931년 증명한 두 개의 정리로 수학의 체계를 완전하고 모순이 없는 공리계로 형식화하려는 힐베르트 계획이 실패했음을 보여준다. 제1 불완전성 정리는 '공리적인 방법으로 구성해내어 산술적으로 참인 명제를 증명할 수 있는 임의의 무모순인 이론에 대해, 참이지만 이론 내에서 증명할 수 없는 산술적 명제를 구성할 수 있다. 즉, 산술을 표현할 수 있는 이론은 무모순인 동시에 완전할 수 없다'는 것이고, 제2 정리는 '산술적인

참인 명제를 증명할 수 있는 공리로부터 구성된 산술체계에 대하여 이 산술체계가 무모순이라면 이 산술체계는 스스로의 무모순성에 대한 진술을 포함할 수 없고 그 역도 성립한다'는 것이다.

24 1936년 영국의 튜링(Alan Turing)은 계산하는 기계(즉, 현대의 컴퓨터)를 대표하는 가상의 장치를 만들었는데, 나중에 튜링의 이름을 따서 튜링 기계라 불리게 된다. 긴 테이프에 쓰인 여러 가지 기호들을 일정한 규칙에 따라 바꾸는 기계로서 적당한 규칙과 기호를 입력하면 일반적인 컴퓨터의 알고리듬을 수행할 수 있다.

25 1970년대부터 일단의 과학자들이 근대 과학의 결정론(determinism)적, 환원론(reductionism)적 경향에 대한 비판으로 쪼갤 수 없는 전체를 강조하는 이론들을 제시했는데, 이를 전일론(holism)이라 부른다. 의식에 대한 전일론적 접근을 취하는 과학자들은 고전물리학은 내재적으로 의식을 설명할 수 없으며, 양자역학에 의해 보충되어야 한다고 보고 있다.

26 대표적으로 칼 프리브람(Karl Pribram), 데이빗 봄(David Bohm), 스튜어트 하메로프(Stuart Hameroff), 로저 펜로즈 등이 여기에 속한다.

27 예컨대 크릭과 코흐는 "우리는 이국적인(exotic) 물리학을 뇌에 적용하려고 시도하는 물리학자들을 받아들이지 않는데, 이들은 뇌에 대해 잘 모르는 것 같고, 의식에 대해서는 더더욱 모르고 있다."라고 혹평한다. Francis Crick and Christof Koch, "A framework for Consciousness", *Nature Neuroscience* 6, 2003, pp. 119~126 참조. p. 124에서 인용함.

28 펜로즈와 하메로프의 최근 논문 참조. Stuart Hameroff and Roger Penrose, "Consciousness in the universe: A review of the 'Orch OR' theory", *Phys Life Rev* 2013 Aug 20, 2013, pii: S1571-0645(13)00118-8. doi: 10.1016/j.plrev.2013.08.002.

29 개개인이 의사결정을 할 때에는 인지 및 정서 과정을 통해 각 대안들이 갖고 있는 상대적 가치 혹은 인센티브를 평가하게 된다. 그러나 복잡하고 상충되는 대안들이 있는 경우엔 인지적 과정만으로는 결정을 내릴 수가 없는데, 이때 체성 표지자(somatic marker)들이 결정을 돕게 된다는 것이다. 체성 표지자란 강화성 자극(reinforcing stimulus)들의 연합으로서, 강화성 자극들은 이와 연결되어 있는 생리적 감정 상태를 유도하게 된다. 뇌 속에서 체성 표지자들은 복측정중 전전두엽피질(VMPFC, ventromedial prefrontal cortex)에서 처리되는 것으로 여겨지며, 의사결정이 일어날 때 되돌아와 인지적 과정이 한쪽으로 편중되게 만든다. 의사결정에 영향을 미치는 체성 표지자들의 작용은 뇌간(brainstem)과 복측 선조체(ventral striatum)를 통해 은밀하게(무의식적으로) 이루어질 수도 있고, 상위의 피질 인지 과정에 관여하여 드러나게(의식적으로) 이루어질 수도 있다고 본다.

30 1995년도 저작이 『데카르트의 오류』(김린 옮김, 중앙문화사, 1999)로 번역되어 있다.

31 『스피노자의 뇌』(임지원 옮김, 사이언스 북스, 2007)로 번역되어 있다.

32 Antonio Damasio and Gil B. Carvalho, “The nature of feelings: evolutionary and neurobiological origins”, *Nature Reviews Neuroscience* 14, 2013, pp. 143~152.

33 신경의 가소성이란 신경경로가 외부의 자극, 경험, 학습에 의해 구조와 기능이 변화하며 재조직화되는 현상을 말한다. 윌리엄 제임스가 1890년의 저서 『심리학원론(*The Principles of Psychology*)』에서 처음 제안했으나 오랫동안 무시되어 오다가 20세기 후반에야 그 실험적 증거들과 함께 중요성이 크게 부각되었다.

34 『뇌는 하늘보다 넓다』(김한영 옮김, 해나무, 2006)라는 제목으로

번역되어 있다.

35 『세컨드 네이처』(김창대 옮김, 이음, 2009)라는 제목으로 번역되어 있다. 에델만이 말하는 제2의 자연이란, 외부에 존재하는 제1의 자연에 대비하여 우리 뇌 속에서 구현된 자연을 의미한다.

36 제임스 자신이 내과의사로 훈련을 받은 철학자 겸 심리학자였다.

37 영국의 수학자이자 철학자인 화이트헤드(Alfred North Whitehead)는 이제 철학자들이 변하지 않는 어떤 것으로부터 관심을 돌려 과정에 주목해야 한다고 주장했는데, 이를 과정철학(process philosophy)이라 부른다. 화이트헤드는 실재(reality)란 경우(occasions)와 사건(events)의 과정이라고 말한다.

38 흄(David Hume)은 데카르트의 합리주의를 비판하여, 사람은 자신이 경험한 것에 대한 지식만 갖는다고 주장한 경험주의자(empiricist)이자, 우리의 지식이 마음 속 관념에 의한 제약을 받기 때문에 외부 세계를 아는 것은 불가능하다고 주장한 회의론자이기도 하다.

39 Thomas Nagel, "What is it like to be a bat?", *The Philosophical Review* 83, 1974, pp. 435~450.

40 철학에서 감각질(qualia)는 빨강의 '빨강 성질'과 같이 표현하는 것이 일반적이지만, 쉽게 이해하자면 우리가 감각을 함으로써 벌어진 뇌의 상태변화라고 보아도 무방하다.

41 '급진적(radical)'이란 말은 험프리 자신의 표현이기도 하다.

찾아보기